"아들
익힘책"

바른 교육 시리즈 ⑥

아들과
싸우지 않고
잘 사는 법

"아들
익힘책"

임혜정 지음

서사원

/

오늘도 아이들 걱정에
가슴 쓸어내리고 있는
세상의 모든 아들 엄마들을 응원합니다!

/

어쩌다 삼형제, 어쩐다 엄마

첫째가 태어났다. 아들이었다.

"아들이라 든든하겠네."

둘째도 태어났다. 또 아들이었다.

"그래도 엄마에게는 딸이 있어야 하는데…."

셋째마저 태어났다. 역시 아들이었다.

"아이고, 어쩌다 아들만 셋을 낳았어 그래…. 딸 낳으려다 안 됐나보네… 아이고, 엄마가 얼마나 힘들까…."

"필립 엄마, 무조건 천국 가겠어요. 삼형제면 이 땅이 생지옥이라 무조건 천국행 티켓 받는데요."

삼형제와 다니면 처음 보는 할머님께서 삼형제를 앉혀 놓으시고 말씀하신다.

"너희, 엄마 말 잘 들어야 한다. 엄마가 얼마나 힘드시겠니?" 아이고 어쩐다니 이 엄마…."

그리고 나에겐 응원과 격려보다는 동정의 눈길을 보내신다. 그렇게 난 아들 셋과 다니며 낯선 이들에게 연민의 대상이 되어 있었다. 삼형제 키우는 지금의 삶, 딸 없이 맞이할 노후도 걱정되어 안쓰럽게 바라보는 그 눈빛들….

딸을 낳기 위한 처절한 몸부림이 무산되어 아들 셋이 되어버린 것 같지만, 사실 난 셋 모두 아무런 계획이 없었다. 오히려 둘째가 두 돌을 지나갈 무렵, 나의 한계치는 아들 둘이구나라는 깨달음을 얻었다. 그런데 깨달음을 얻은 지 일주일 만에 셋째 임신 사실을 알았다. 그러니까 나의 주제 파악과 동시에 셋째가 온 거였다. 그렇게 어쩌다 삼형제 엄마가 되었다.

삼형제 엄마로서 아들 키워가는 이야기를 책으로 써보라고 하셨을 때, '내가?'라고 반문을 했다. 내가 봐 온 양육서는 대개 이런 것들이었기 때문이다.

하나는 아주 '잘난 아이' 이야기였다. 부모의 어떠함과 상관없이 아이가 뛰어난 성과를 냈을 때, 그 부모의 양육 이야기에 관심을 가지기 마련이다. 그 부모를 따라하면 내 자식도 그 부모의 아이가 될 것처럼…. 또 다른 하나는 아주 '잘난 부모' 이야기였다. 부모의 적극적인 교육열은 '엄마표', '아빠표'라는 수식어가 붙어 전해졌다. 이 부모를 따라하면 꽤 괜찮은 부모가 될 것처럼….

나는 둘 다 해당되지 않는다. 내 아들들은 '못난이 삼형제'다. 외모도, 공부도, 어떤 재능도 뛰어나지 않다. 아니 부족하다. 게다가 나는 아이 소풍날 김밥도 제대로 싸주지 못하는 '못난 엄마'다. '명문대생 엄마의 양육법', '명문대 보낸 엄마의 양육법'처럼 아이의 사회적 성과가 부모의 성적표가 된 듯한 우리 사회에서 '못난이' 삼형제의 '못난' 엄마인 내가 무슨 이야기를 할 수 있을까 생각해보았다.

아들 셋을 키우는 엄마로서의 지난 시간을 되돌아보았다. 마음속에서 몽글몽글한 뭔가가 올라온다. 이게 뭘까? 어느새 내 눈에는 금방이라도 쏟아질 것 같은 눈물이 대기 중이다. 지금까지 양육서 주인공은 '잘난 아이'와 '잘난 부모'였는데, 어디에서도 볼 수 없었던 '못난이 삼형제'의 '못난이 엄마'가 들려줄 수 있는 뭔가가 떠오른다.

'못난이 삼형제'를 바라보면서 때로는 절규했다. '내가 뭘 잘못했다고, 얼마나 열심히 살아왔는데… 왜 애들이 이 모양이야…나 벌 받는 것 같아'라는 울부짖음이 절로 났었다. 난 '잘난 딸'이었는데, 아들이 '못난이'가 되니 내가 꼴등을 한 것처럼 수치스러웠다. 늘 자신만만하게 다니던 학교라는 공간도 학부모로 방문했을 때는 잘못한 것 많은 아이처럼 절로 고개가 숙여지고 위축됐다.

삼형제 엄마의 삶을 '어쩐다니 저 엄마'라는 연민의 눈빛으로 바라보던 그 많은 시선들을 생각하면 내 자신이 세상 불행의 중심에 있는 사람 같았다. 나름 문제를 해결하려 양육서를 찾아보았고 강연도 들어보았다. 그런데 '잘난 아이'와 '잘난 부모' 이야기가 대부분이었고, 이 이야기에서는 희망보다는 절망감이, 위로보다는 불안감, 열등감, 죄책감마저 느껴졌다. 어쩌다 아들 셋 엄마가 되었는지… 인생 최대의 난제 앞에 마주한 나에게 수학 공식 같은 똑 떨어지는 솔루션은 없었다.

'못난이 삼형제'는 여전히 진행형이다. 삼형제와의 시간은 그리 아름답지도, 극적이지도 않다. 지극히 평범하다. 그러나 일상적인 시간 속에서도 나는 엄마로서 성장하고 있음을 발견한다. 아, 이것이야말로 극적이지 않은가! 그 일상 속에서도 '못난이 삼형제'와 '못난이 엄마'가 성장하고 있음이.

'못난이' 아들들을 키우며 알게 된 사실 하나는 '잘난' 사람은 그리 많지 않다는 것. 대다수는 평범하고 심지어 어떤 이들은 평범하기도 힘들더라는 점이다. 그럼에도 많은 아이들은 내 아이처럼 평범하지만 자신만의 삶을 가꿔가며 성장해가고 있다.

그렇다면 '못난이' 삼형제와 엄마의 성장 이야기를 들려줄 수 있을 것 같다. 잘난 게 없어도, 무엇을 잘해서가 아니라, 있는 그대로 내 아이들의 성장 과정을 인정하고 사랑하게 '되어 가는' 이야기. 그리고 엄마 자신을 있는 그대로 인정하고 사랑하게 '되어 가는' 이야기. 어쩌다 '삼형제'를 둔 내가 그렇게 엄마가 되어가는 이야기.

화창한 어느 날
'못난이' 삼형제와 오늘도 격렬하게 성장 중인
'못난이' 엄마가

차 례

/ 아들의 사춘기 /

/ 아들의 공부 /

/ 성장하는 아들 /

/
아들과 형제 사이
/

그래도 달 따라가고 있어요!

•••••• 학부모 총회의 달 3월, 초등학교 1학년 셋째 필원이의 학부모 공개수업에 참석했다. 교실은 학생 수보다 많은 엄마, 아빠, 할머니, 할아버지로 북적였다. 대부분의 여자 아이들은 책을 펴고 곧은 자세로 앉아 있었고 연필을 쥔 손에는 힘이 들어가 있었다. 엄마, 아빠를 향해 살가운 미소를 살짝 날려주는 여유도 보인다. 하지만 남자 아이들 대부분은 흐트러진 자세로 하품하거나 옆 친구와 장난치고 있었다.

교실 벽 곳곳에 게시된 아이들의 작품에 시선을 돌렸다. 다양한 색감, 디테일이 살아 있는 그림, 또박또박 쓴 글씨가 가득한 종이에는 죄다 여학생 이름이다. 그러나… 이런…. 단순한 색과 삐쭉삐쭉하고 거친 선으로만 된 그림, 엉망진창 알아보기 힘든 글씨의 짧은 글이 있는 종이에는 남자 아이들의 이름이 보였다.

이런 남자 아이 중에서도 필원이는 학교생활 적응을 힘들어하는 최극단에 있었다. 수업은 시작되었으나 내 아이만 수업을 시작하지 않았다. 막내의 엉덩이는 의자에서 자꾸자꾸 미끄러졌고, 옷자락은 입으로 너무 빨아 젖어 있었다. 그러다 발표하는 시간에는 다소 과장스럽고 익살스러운 표정으로 똑바로 서 있지도 않았고, 발표 내용은 도대체 알아듣기 힘들었다. 내 자식의 모습을 지켜보며 두 가지 생각이 들었다. 이런 아이의 엄마라는 수치심, 그리고 다른 부모들이 필원이를 엉망인 아이로 바라보는 낙인에 대한 두려움이었다.

이렇게 아들의 첫 학교는 시작되었고, 나는 두려움과 걱정에 휩싸였지만 다행히도 우린 혼자가 아니었다. 셋째가 1학년을 잘 따라가도록 도와준 '은인'들이 있었기 때문이다. 은인 중 한 명은 바로 같은 어린이집 출신 여자 친구였다.

"○○야, 요즘 필원이는 교실에서 잘 지내는 거 같아?"라고 물으면 그 아이는 놀라운 관찰력을 바탕으로 상세하게 알려준다. "필원이가 한 번은 너무 이상한 질문을 해서요. 친구들이 다 웃고요, 선생님도 그런 질문 그만하라고 했어요. 그래도 요즘에는 옷은 덜 빨고 잘 하는 편이에요. 많이 좋아졌어요. 아줌마, 그래도 친구들하고는 사이좋게 재밌게 잘 지내니까 걱정하지 마세요."

여자 친구는 셋째의 수업 시간 발언과 친구들 및 선생님의 반응, 친구 관계에 대한 것까지 많은 부분을 파악하고 있었다. 이렇게 가까운 여자 아이 한 명은 교실에서 일어나는 모든 정보를 상세하게 파악할 수 있는 생생한 정보통이 되어주는 고마운 존재다.

그리고 그 누구보다 필원이의 학교생활 적응에 큰 도움을 주셨던 또 다른 '은인'이 있다. 아이의 어려움을 파악하고 아이를 일으켜 세워주신 분, 담임 선생님. 담임 선생님은 필원이의 학교생활 적응을 위해 여러 가지 도움을 주셨다. 막내는 반 친구들 이름을 잘 몰랐다. 필원이는 약간 특이하고, 엉뚱한 아이로 여겨지면서 반에서 잘 어울리지도 못했다.

선생님께서는 칠판에 중요한 미션을 써주셨다. 필원이가 반 친구들 이름을 모두 알게 되는 날 과자파티를 해주시겠다고. 아이들은 과자파티를 위해 서로 필원이에게 다가왔다. "필원아 내 이름은 ○○야. 알았지? 꼭 기억해야 해."라며 말을 걸기 시작했다. 필원이가 자신의 이름을 맞출 때마다 아이들은 기뻐했다. 그리고 칠판에는 내 아이가 새롭게 알아간 친구들의 이름이 하나씩 추가되었다. 막내가 친구들과 함께 즐거워하며 같은 반 구성원이 됨을 확인하는 중요한 미션이었다. 필원이가 반 친구들 이름도 잘 모르는 엉뚱하기만 한 아이로 낙인찍힐 즈음, 선생님은 미션을 통해 친구들에게 필원이 '덕분에' 열렸던 과자파티라는 추억을 남겨주셨다.

이렇게 필원이의 첫 학교 1년이 지나갔다. 1학년 담임 선생님은 나에게 이렇게 말씀하셨다. "힘드시죠? 그래도 잘 따라가고 있어요!"라고. 이런 이야기를 들으며 나는 고개를 들지 못할 정도로 울먹거렸다. 그 눈물 속에는 두 가지 의미가 담겨 있었다. 하나는 힘든 1년을 보낸 아이와 그 아이를 힘들게 지켜본 내 자신을 향한 위로였다. 그리고 다른 하나는 막내의 첫 학교 1년을 도와준 고마운 이들에 대한 진정 어린 감사의 마음이었다.

필원이가 '그래도 잘 따라갈 수' 있도록 뒤에서 궁디팡팡, 밀어주고 토닥여준 담임 선생님, 교실 안 상황을 전해준 생생 정보통 여자 친구 모두 참 고마웠다. 힘들었던 필원이의 학교 여정은 이제 5학년에 이르렀다. 필원이는 '그래도 잘 따라가고 있다.' 점점 더 '잘 따라가고 있다.'

초등학생 아들과 딸의 학교 적응

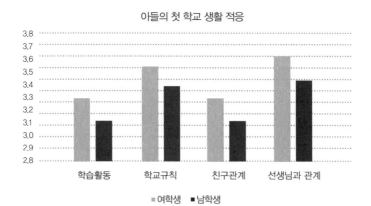

아들의 첫 학교 생활 적응

■ 여학생　■ 남학생

전국 초등학생(2010년 초1) 2342명 대상,
한국아동·청소년패널 자료 이용(1 = 전혀 그렇지 않다, 4 = 매우 그렇다)

이 그림을 보면 무엇을 알 수 있을까요? 아이가 학교생활에 얼마나 잘 적응하는지는 학습 활동, 학교 규칙 지키기, 친구와의 관계, 선생님과의 관계 네 가지로 알아볼 수 있습니다. 그런데 이 네 가지 모두에서 우리 아들들이 어떤가요? 여학생보다 적응하는 데 어려움을 겪고 있음을 알 수 있습니다.

학습활동 분야에서 학년이 올라가면서는 어떤지도 궁금하지 않나요?

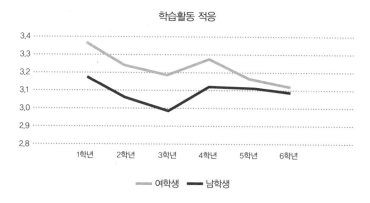

이 그림에서는 아들들이 수업 태도, 과제 수행과 같은 학습 활동에서 초등학교 1학년 때뿐 아니라 초등학교 내내 여학생보다는 적응을 잘 못하고 있음을 알 수 있습니다. 그래도 하나 희망적인 것은 그 차이가 초

등학교 6학년 즈음이면 거의 좁혀진다는 점입니다.

우리 집 아들만 학교 적응에 어려움을 겪고 있는 게 아니랍니다. 야무진 딸들에게 뒤처지는 건 모든 아들의 평균적인 현상인 거죠. 여자 아이들과 비교하고 속상해 하기보다는 아들만의 성장 트랙, 아들만의 성장 속도에 좀 더 관심을 기울여야 합니다.

웃을 수도 울 수도 없잖아요.
그런 거 학교에서 티 내면 안 되잖아요

• • • • • • 학교 앞에서 필홍이를 기다리고 있던 어느 날 아이 친구 엄마가 오랜만이라며 반갑게 다가왔다. "많이 바쁜가봐. 한 번도 안 나오고 말이야. 엄마가 안 챙겨줘도 필홍이는 참 씩씩하게 잘 다니는 것 같아. 형이 있어서 그러나? 아니 필홍이 어쩜 그렇게 잘 키웠대."

그러면 나는 "아니요. 별 말씀을요." 하고 말하며 약간은 어색한 표정으로 그 이야기를 듣고 있었다. 사실 어떤 이야기든 다른 이에 게서 내 아이 이야기를 듣는다는 건 약간 긴장되는 일이다.

그 엄마는 말을 이어갔다.

"필홍이는 진짜 자존감이 높은 것 같아. 글쎄 내가 우리 ○○한 테 '야, 필홍이는 받아쓰기 몇 점 받았는지 물어보고 와.' 했는데, 필홍이가 20점이라고 하더래. 그래서 우리 애가 필홍이한테 '괜찮아, 그럴 수도 있지' 했는데, 필홍이가 '왜? 난 괜찮은데?'라고 해서 우리 ○○가 완전 무안해졌다잖아."

청찬인지 흉인지 분간하기 힘든 이야기를 하는 그 엄마 앞에서 나는 웃을 수도 화낼 수도 없었다. 남의 아이 점수를 떠보고 비교하는 그 엄마가 얄밉기도 했지만, 20점이라는 받아쓰기 점수도 민망한 일이었다. 그런데 얄미움, 민망함보다도 나를 더 힘들게 한 것은 필홍이의 마음이었다. 그런 질문을 받고 그렇게 대답했을 때 필홍이가 얼마나 곤란했을까? 내 마음 한 켠이 많이 시리고 아팠다.

집에 와 둘째에게 물었다. "○○엄마가 ○○한테 너 받아쓰기 점수 물어보라고 그랬다던데, 친구가 그런 거 물어보는데, 필홍아, 너 정말 괜찮았어? 혹시 친구들이 평소에 필홍이 받아쓰기 못한다고 놀리거나 하진 않았어?" 필홍이가 답했다. "엄마…. 어떻게 괜찮겠어요?" 난 가슴이 먹먹해졌다. 그리고 필홍이가 어떤 말을 이어갈지 근심스런 마음으로 바라보았다. 필홍이는 애써 담담한 표정으로 말을 이어갔다. "엄마, 그럴 때는 웃을 수도 울 수도 없잖아요. 학교에서는 그런 거 티내면 안 되잖아요…." 약간 울먹이는 듯했지만 애써 아무렇지도 않은 척 이야기하는 필홍이의 모습은 내 가슴을 더 후벼팠다.

차라리 점수를 묻는 친구에게 왜 그런 걸 묻냐고 정색했다면, 차라리 친구가 그런 걸 묻고 자기의 점수를 말하는 그 상황이 속상했다고 말했다면 내 마음이 덜 아팠을 텐데… 전혀 괜찮지 않았지만,

학교는 자신의 감정을 있는 그대로 드러내면 안 되는 곳이라는 생각에 초등학교 2학년 아이는 웃지도 울지도 못했다.

"우리 필홍이 진짜 속상했겠다…. 엄마도 이렇게 속상한데…. 엄마가 필홍이 그렇게 속상하고 힘든 줄 몰랐어. 미안해. 엄마는 필홍이 씩씩한 줄만 알았어. 그리고 다음에 또 그런 일이 있을 땐 '나 그런 말 하면 기분 안 좋은데.'라고 말해. 엄마가 받아쓰기 공부하는 거 도와줄까? 엄마가 뭐든지 도와줄게. 힘들면 엄마한테 힘들다고 말해. 알았지?"

한글을 떼지 못하고 초등학교에 입학한 둘째에게 받아쓰기는 참 힘들 수밖에 없었다. 내 아이에게 받아쓰기가 큰 어려움이었듯이, 모든 아이들에게는 자신만의 어려움이 있다. 선생님이 너무 무섭게 느껴져 학교만 가면 긴장되고 힘들 수도 있고, 친구들과 어울리고 싶은데 자기만 친한 친구가 없는 것 같아 힘들기도 하다. 특히 적응이 어려운 아들들의 학교생활에는 더욱 큰 어려움이 있다.

사실 아이들은 어떤 형태로든 자신의 어려움을 드러낸다. 그런데 아들들은 정확한 말로 '엄마 저 이게 힘들어요.' 하지 않는다. 우리 집 삼형제도 그랬다. 첫째는 때로 거칠고 공격적인 언행으로, 둘째는 때로 애써 아무렇지도 않은 척하며, 셋째는 때로 과장스러운 표정과 행동으로 스스로 어찌해야 할지 모르겠다는 신호를 보냈다.

이런 순간에도 누군가는 아이들의 행동거지를 지적하며 혼내기도 한다. 하지만 나는 안다. '엄마 안아주세요. 저 너무 힘들어요.'라는 말의 다른 표현이었음을. 엄마인 내가 할 수 있는 게 많지는 않지만 아들에게 묻지도 따지지도 않고 기댈 수 있는 어깨는 내어줄 수 있다. 따뜻하게 안아줄 수 있는 가슴은 내어줄 수 있다.

낯선 학교에서 선생님, 친구, 공부 속에서 나름 적응하기 위해 긴장의 시간을 보내고 돌아온 아들들은 오늘도 엄마에게 신호를 보낸다. '말 없음'이 '신호 없음'이 아님을 새삼 알아간다.

아들의 어려움 알아차리기

초등학교, 중학교, 고등학교 모든 학교 급에서 아이들에게 가장 중요한 존재는 친구입니다. 그래서 친구 관계는 아이들의 학교생활에 결정적입니다. 늘 놀러오던 친구가 놀러오지 않거나, 아이의 말 속에서 친구 이름이 거론되지 않거나, 학교 가기 싫어하거나, 일상 중 말 속에 친구들이 자신을 함부로 대한 이야기가 있을 수도 있습니다. 이 모든 것들이 친구 관계에 대해 아이가 보내는 신호가 될 수 있습니다.

특히 남자 아이들의 친구관계에서 발생하는 문제는 폭력적이거나 극단적인 상황으로 치닫는 경우가 있습니다. 아픈 기억이지만, 2009년 학급 친구들의 괴롭힘을 견디지 못해 스스로 목숨을 끊은 대구의 중학생이 있었습니다. 이후 제대로 된 사과도 받지 못한 채 여전히 말로 표현할 수 없는 괴로운 심정 속에 살아가고 있는 피해 학생의 어머니는 이렇게 말씀하십니다.

"말을 평소처럼 하지 않거나, 화를 많이 내고 돈을 많이 쓰면 이상 징후가 있는 것", "옷이 더러워지거나 멍이 든 것도 유심히 봐야 한다. 아이들은 조금씩 변하니 부모가 이를 인지하고 적극적으로 대응해야 한다."라며 아이의 어려움에는 징후가 있고, 그것을 알아차리는 게 중요하다고 말합니다.[1]

징후, 신호는 있습니다. 그러나 우리가 잘 알 듯이 아들들은 자신의 어려움을 잘 표현하지 못합니다. 사실 부모가 강압적이고 잘못된 훈육 태도를 가진 경우라면 아이들은 자신의 어려움을 말하기가 더욱 어려울 것입니다. 그런 아이들의 위축감은 또래 관계에서도 공격하기 쉬운 나약한 아이로 비춰질 가능성까지 커지게 합니다.[2]

아이들이 힘들 때 떠오르는 사람, 자신의 상태를 신호 보냈을 때 가장 예민하게 반응해주는 사람이 부모가 되어야 하지 않을까 생각해보게 됩니다. 아이들이 어려움을 겪는 것도 가슴 아프지만, 부모에게까지 말하지 못하고 혼자 끙끙대고 있다면 그건 더 큰 아픔이기 때문입니다.

형제에게
공평함이란

아이스크림이 식탁 위에 있다. 그릇 5개에 아이스크림을 담는다. 이때 삼형제의 눈 6개가 컵 5개에 담겨가는 아이스크림의 양이 같은지 체크하기 위해 빠르게 왔다갔다 한다. 각자의 아이스크림을 건넨다. 그렇게 먹고 싶은 아이스크림 앞에서도 먹기 전 하나의 절차가 남아 있다. 자신의 그릇에 담긴 아이스크림이 다른 형제의 양과 같은지 다른지를 확인하는 절차.

"엄마 왜 형이 더 많아요?" "엄마 애네들이 더 많은 거 아니에요?" "엄마 얘는 애긴데, 키도 작은데 너무 많이 먹는 거 아니에요?"

이때 엄마, 아빠의 아이스크림은 비교 대상에서 제외되고, 자기 아이스크림이 많은지 적은지도 중요하지 않다. 적게 먹는 건 괜찮지만, 누구보다 덜 먹는 건 불공평하고 참을 수 없는 상황이다.

먹는 것 가지고 이런 유치한 다툼을 한다는 게 한심스러워 보이기도 했다. '의 좋은 형제' 이야기처럼 서로 '형님 먼저, 아우 먼저' 하면 좋으련만, 이건 희망사항일 뿐. 반복되는 분배의 정의 시비에 대책이 필요했다.

남편은 '나누는 건 첫째가, 선택하는 건 셋째부터'라는 묘안을 냈다. 아이스크림 그릇 세 개를 나란히 놓고 첫째가 담는다. 공평한 분배를 위해 심혈을 기울여 계량 기구를 이용해 몇 번의 양 조절을 한다.(사실 남편은 라면 끓일 때도 계량컵을 사용하는 '계량족'이다. 집에는 '계량족' 남편이 준비한 여러 종류의 계량컵, 계량스푼, 저울이 있다.) 그리고 셋째부터 고른다. 조금이라도 더 많은 것을 고를까 봐 초조한 형들의 눈초리를 뒤로하고 셋째는 나름 하나를 선택한다. 그리고 둘째가 선택한다. 첫째는 마지막에 남는 것을 먹을 수밖에 없으니 최대한 공평한 분배를 위해 그토록 애썼던 것이다.

계량족 아빠의 이 제안으로 삼형제는 적어도 먹을 것 가지고 싸우는 유치한 싸움은 더 이상 하지 않았다. 그런데 부작용이 있었다. 계량컵 등을 동원해 가며 강조한 공평한 분배는 아이들에게 조금도 손해 보지 않으려는 배려 없는 모습으로 나타났다. 음식 나누기가 아닌 서로의 양보와 배려가 필요한 상황에서도 계량컵 눈금만을 지키려는 융통성 없는 마음이 작동했다. 그래서 형이니까 좀 양보하라는 말도, 동생이니까 좀 참으라는 말도 통하지 않았다.

공평함이란 '똑같음'이 아니다. 사실 아이들은 '공평함'의 가치를 이미 알고 있었다. 첫째가 초등 4학년 때였다. TV가 없는 아이들은 할머니 댁에서 보던 '런닝맨'이 다시 보고 싶어졌다. 그리고 다시보기를 위해서 700원이 필요했다. 첫째는 둘째에게 "야, 너랑 나랑 350원씩 내자."라고 말했다. 필홍이는 "불공평하지! 왜 필원이는 하나도 안 내는데!"라고 항의했다. 이때 필립이는 "야! 필원이는 돈도 없고, 용돈도 못 받잖아. 얘는 배려가 없어."라고 한마디 했다. 이를 듣고 있던 필원이는 "형 고마워." 한다.

이 당시 필립과 필홍이는 동생 돌보기, 책 읽어주기, 심부름하기 등으로 용돈을 조금이라도 벌 수 있었지만, 필원이는 돌봐줄 동생도 없고 글도 모르기에 심부름하기만 할 수 있었다. 필원이가 쓸 수 있는 돈도 그만큼 매우 적었다.

아이들 사이에서 스스로 규정한 공평함은 700÷3=233.33333원씩 똑같이 내는 것이 아니었다. 아이들이 생각한 공평함은 용돈이 더 많은 형들이 돈을 내고 아직 용돈 벌 구실도 없는 막내는 무료로 런닝맨을 볼 수 있게 배려하는 것이었다. 그 배려에 필원이는 "고마워"라고 응답했다.

아이들이 예능 프로그램을 한 편 보기 위해 나눈 대화 장면에서 보여주는 '공평함.' 공평함이란 '똑같은 것'이 아니라 그 사람의 상황, 처지, 능력에 맞게 요구하고 대우하는 것일 수 있음을 알았다. 이것은 삼형제이기에 상중하 서열이 있고, 절대적으로 약한 막내 동생도 있고, 서로 견제하는 첫째와 둘째 사이도 존재하기에 가능했다.

삼형제 사이의 치열한 분배의 과정을 보며 때론 다 가질 수 없는 아쉬움과 결핍을 느낀다. 하지만 이 과정은 어떤 사회에나 존재하는 상대적인 약자에 대한 배려를 배울 수 있는 훈련의 과정이 되기도 한다.

삼형제는 '똑같이' 나누고 '똑같은' 대접을 받는 것이 '공평함'의 전부가 아님을 깨우쳐가고 있다. 서로 다른 서열과 능력을 배려하지 않고 무조건 똑같이 나누려고만 했을 때 치열한 다툼과 모두의 불행만 남음을 경험하고 있기 때문이다. 서로의 상황과 처지를 고려하고 그 사람만의 필요를 고려한 배려가 있는 진정한 '공평함'을 함께 익혀간다.

'똑같이'에서 벗어나기

'공평함'을 '똑같이' 나누는 것으로만 강조하다 보면 아이들은 자신이 다른 형제와 '똑같이' 받는 것에만 온 신경을 곤두세우게 됩니다. 삼형제 중에서도 둘째와 셋째는 늘 상대방이 받는 것, 가진 것에 신경을 유독 많이 쓰곤 했습니다. 갈등이 심했던 둘째와 셋째는 형제 놀이 치료를 받은 적도 있습니다. 그때 상담 선생님께서 아이들을 관찰하면서 가장 강조하신 것 중 하나는 이것이었습니다.

"어머님, 부모님께서 계량컵을 이용하실 정도로 공평하게 대하시려고 노력을 많이 하셨는데요, 그래서인지 필홍이와 필원이가 똑같아야 한다는 생각에 지나치게 치우쳐 있는 것 같아요. 전에 제가 간식을 사준다며 뭔가를 고르라 해도, 뭔가를 준다 해도 정말 자기가 원하는 것보다는 '필원이는 뭐 했어요?' '필홍이 형아는 뭐 했어요?'라고 묻곤 했습니다. 그런데 그러다 보면 자신이 정말 원하는 게 뭔지를 놓치게 될 수도 있습니다. 자신이 진정으로 원하는 것을 선택하고 집중하는 훈련이 필요할 것 같아요."

이렇게 형제 사이에서 자신의 마음보다는 견제하고 싶은 다른 형제와 '똑같은' 것만 가지려 한다면 아이들은 자신만이 갖고 싶은 것, 자신의 필요, 자신의 욕구, 자신의 모습에 집중하기 어렵게 됩니다. 누군가가 하니까 자신도 '똑같이' 해야 하고, 누군가가 받았으니까 자기도 '똑같이' 받아야 한다는 틀을 깨고, 자신이 진정으로 원하는 것이 무엇인지를 성찰할 수 있는 아이로 성장해 가도록 돕는 응원이 필요합니다.

삼형제,
'징하게' 싸우죠!

● ● ● ● ● ● ● 친정 엄마는 내가 결혼하기 전에는 전화할 때마다 밥 먹었냐고 물어보셨다. 시간이 흘러 당신의 딸이 삼형제 엄마가 된 후부터는 달라졌다. "삼형제는 안 싸우고 잘 지내냐?" 딸의 안위에 가장 중요했던 '밥'이 '삼형제의 싸움'으로 바뀌었다. 내 답변도 한결같다. "엄마, 어떻게 안 싸우겠어요. 징하게 싸우죠!"

삼형제는 정말 '징하게' 싸운다. 덤덤하게 그 '징한' 싸움을 말하고 있지만, 아이들의 싸우는 모습은 나를 벼랑 끝으로 밀어버리는 듯한 스트레스였다. 나에게도 오빠와 두 언니가 있지만, 이 세 명은 작은 언니의 특수교육을 위해 광주에 살았다. 6살 때부터 나 혼자 시골에 남았으니 성장기에 형제간의 갈등은 전혀 볼 수 없었다. 조카들마저 거칠게 소리 지르거나 싸우는 일이 없었다. 내 머릿속 아이들의 모습은 그랬다.

그러나 내 배로 낳은 애들은 정반대였다. 고함을 지르고 거칠고 하루에도 몇 번씩 투닥거리고…. 남동생과 치열한 싸움 속에서 자란 남편은 아무렇지도 않았지만 나는 아니었다. 형제의 갈등을 전혀 겪지 않아 싸움에 면역력이 없었다. 내 새끼들의 싸움 앞에서는 멘탈이 탈탈 털릴 수밖에 없었다.

삼형제이기에 싸움은 경우의 수도 다양하다. 하나라면 싸움이 될 수 없다. 둘이라면 양자 간 싸움은 단 하나의 경우만 있을 뿐이다. 그러나 삼형제 사이에는 양자 간 싸움에 첫째와 둘째, 첫째와 셋째, 그리고 둘째와 셋째. 이렇게 3가지 경우의 수가 생긴다.(아! 이 순간에도 $_nC_r$조합, 경우의 수를 떠올리는 직업병이)

경우의 수 1. 첫째와 둘째

첫째와 둘째 사이의 싸움은 너무 치열해서 내가 끼어들 틈이 없다. 그런데 신기한 건 그 틈에 끼어들어 이익을 보는 존재가 있다. 바로 셋째다.

하루는 첫째와 둘째가 과자를 먹고 있었다. 먼저 자기 것을 다 먹은 첫째가 이제 막 먹으려는 둘째에게 "야 조금만 주라."며 애걸했다. 둘째는 "안 돼, 형은 이미 다 먹었잖아."라며 단칼에 거절했다. 그래도 첫째는 조금만 더 달라며 한 3번 정도를 더 말했다. "아 진짜 쪼금만 줘~." 마지못해 둘째가 아주 작은 조각을 건넸다. 첫째는 너무 작았던지 "야 4분의 1 정도는 줘야지, 너무 하는 거 아니냐? 안 먹어 안 먹어." 하며 과자 조각을 던졌다. 둘째도 나름대로 분했다. 기껏 달라고 해서 줘도 뭐라고 하네. 형이라고 다 하고 싶은 대로 하는 게 늘 못 마땅한 둘째도 어이없어하며 씩씩거렸다.

그때 셋째는 아무 것도 못 보고 아무 일도 없었던 것처럼 그 현장을 그냥 스치듯 지나가더니 그 작은 조각을 주워 자기 입에 넣고 만족스러운 미소를 지었다. 여전히 씩씩거리며 조금 준 동생을 비난하는 첫째와 무리하게 요구만 한다는 불만에 찬 둘째 사이에서 셋째는 자기의 실리, 과자 부스러기를 챙기고 있었다.

경우의 수 2. 첫째와 셋째

첫째와 셋째의 싸움은 그냥 안습이다. 원래도 게임 상대가 안 되는 매칭이기 때문이다. 처음에는 일방적으로 형 앞에서 까부는 셋째를 첫째는 그냥 좀 봐 준다. 언뜻 봐도 이건 삼촌과 조카 같아 보이는 그림이기도 하다. 그러다 셋째가 선을 넘는다. 첫째가 "야 너 까불지 마라."라고 말하면 이 한 마디에 게임 오버.

경우의 수 3. 둘째와 셋째

둘째와 셋째의 조합이 가장 격렬하다. 서열정리가 확실히 끝난 첫째와 셋째 싸움과는 비교 불가다. 막내의 포지션도 확실히 달라진다. 큰 형과의 관계에서는 절대적으로 승복하고 바짝 엎드리지만, 작은 형과는 해볼만 하다는 듯이 고개를 바짝 든다.

특히 셋째는 첫째가 있을 때면 더 기세등등해진다. '큰 형은 내 편이겠지? 큰 형이 작은 형보다 더 쎄니까 첫째 형 있을 때는 둘째 형한테 좀 개겨 봐도 괜찮겠지?'라고 생각하는 듯하다. 그리고 이런 막내의 마음을 눈치 챈 둘째는 더 열 받는다. "너 필립 형이 네 편 들어준다 생각하고 나한테 더 개기는 거지?" 실제로 그렇다. 둘째와 셋째의 싸움은 첫째가 있을 때와 없을 때 다르게 전개된다. 첫째가 없을 경우 둘째와 셋째는 그리 길게 싸우지 않는다.

둘째의 포지션도 달라진다. 형에게 눌린 둘째는 이 쪼그만 동생에게는 형 대접을 당당히 받고 싶은 마음에 상당히 '쎈 척'을 한다. 막내에게 말할 때만큼은 그 어느 때보다도 근엄한 목소리다. 그런데 한마디 가르침을 주고 싶은 형의 마음과는 달리, 이 셋째가 들어먹지를 않는다. 왜냐? 막내는 첫째 형에게 당하는 모습을 봤으니, 둘째 형이 진짜 쎄 보이지는 않는 것이다.

형에게 당한 서러움을 품고 동생에게만은 쎈 형이 되고 싶은 둘째와 큰 형에게는 감히 못 해보지만 그래도 작은 형에게는 한 번 도전해보고 싶은 막내 사이의 싸움은 늘 치열하다. 물론 이 격렬한 싸움의 한 가운데서 이익을 보는 존재도 있다. 내 신경이 온통 둘째와 셋째 다툼에 가 있으니, 첫째는 늘어져서 휴대폰 사용에 간섭받지 않는 자유를 즐긴다.

아이들의 엄청난 싸움에 참 많이 지치고 힘들었다. 어찌 저렇게도 자식들이 공격적이고 배려심이 없고 이기적일까 하는 생각에 속상하고 화나고 절망감에 빠졌다. 이런 '못된' 아이들이 내 아이들이라니… 내 존재가 부정 당하는 느낌이었다. 아들들의 싸움 앞에서 이런 불쾌한 감정에 순식간에 휩쓸려버리던 나는 절벽 위에 위태롭게 서 있는 심정이었다. 아이들이 나를 절벽 위에 위태롭게 세워둔 후 절벽 아래로 밀쳐버리는 것만 같은 그런 느낌이었다.

일상이 되어버린 삼형제의 다툼 앞에서 살기 위해 싸움을 공포스럽게 바라보던 내 시선을 바꿔야만 했다. 어느 날 깨달음이 왔다. 아베가 트럼프와 골프를 치며 친밀감을 과시했다는 뉴스를 보던 중이었다. 단순한 국제 뉴스의 한 장면이었지만 아베와 트럼프의 관계, 이를 보도하는 우리나라의 모습에서 삼형제의 모습을 보았다. 센 나라 미국 앞에서 티격태격하는 한일, 미국은 별 신경도 안 쓸 것 같지만, 우리나라와 일본은 미국 대통령이 어떤 나라 대통령에게 더 친근하게 대했는지까지도 신경쓰며 자신의 우위를 주장한다.

얼마 전에도 트럼프 대통령이 아베 총리와 악수를 패싱하고 문재인 대통령과는 반갑게 악수한 장면이 기사화됐다. 이 모습에 첫째에게 잘 보이려 애쓰는 둘째와 셋째가 겹쳐 보였다. 첫째는 서열경쟁에서 비교적 자유롭지만 여전히 치열한 서열경쟁을 하는 둘째와 셋째의 모습이 한미일 삼국 관계와 닮아 있었다.

둘째와 셋째는 싸우다가도 누가 더 옳은지, 누가 더 억울한 상황인지를 첫째에게 읍소한다. 핏대 높이며 자신의 입장을 피력하며 첫째가 자신의 편이 되어주길 바라지만, 사실 첫째는 별 관심이 없다. 다만 한 번씩 너무 시끄러워질 때는 둘째와 셋째의 다툼을 중재한다. 서로의 잘잘못을 지적한 후 서로 사과하고 화해하라고 권한다. 그 과정에서 필홍이의 불평이 터진다. "왜 형은 필원이 편만 들어주는데?" 그러면 필립은 동생들을 한 명씩만 따로 방으로 데리고 가 차분히 잘잘못을 설명해준다.

그렇게 첫째는 그 치열한 둘째와 셋째의 싸움 한 가운데서 방관자 같기도 하지만, 결정적인 순간에는 훌륭한 조율자 역할을 하고 있었다. 둘째는 형, 동생과의 관계에서 자기 포지션을 어떻게 해야 할지를 늘 궁리한다. 그래서인지 사람들과 관계에서 타인에게 민감하게 반응하고 자기 위치를 빠르게 파악해 처신을 잘 한다.

셋째는 막내라서 두 형의 힘에 눌려 다소 억울한 상황도 많고 자꾸 밟히면서 저항하다 보니 강인해졌다. 그래서 필원이의 '말빨'은 형들과 싸울 때 가장 세진다. 고급 어휘가 동원되고 비장한 각오가 서려 있다. 이렇게 삼형제도 그들만의 작은 사회에서 힘의 균형을 배워가며 많은 갈등과 다툼 속에서 성장하고 있었다. 아이들의 싸움은 성장 과정의 일부분이었다.

아이들은 오늘도 '징하게' 싸운다. 그러다 이내 아무런 뒤끝도 없이 서로 뒤엉켜 낄낄대곤 했다. 혼자 심각하고 우울하던 나만 뻘쭘해지는 순간이기도 하다. 그런데 절벽 아래 낭떠러지로 떨어질 것 같은 위태함을 불러일으키던 셋의 '징한' 싸움은 뜻밖의 지혜를 주었다.

사실 난 갈등 상황을 최대한 외면하려고만 했다. 그냥 양보하는 것이 미덕이라 생각했다. 하지만 불편한 갈등 상황을 겪더라도 아닌 건 아니라고 말하고, 내 것은 내 것이라 말하고, 내 감정을 소중하게 여길 수 있는 건강한 모습을 삼형제의 '징한' 싸움에서 배웠다. 갈등 상황을 외면하지 않고 치열하지만, 가볍게 해결해 가는 아들들의 방식이 한편으로는 내 삶에 필요했다는 것을.

나와 다른 아들들의 모습이 낯설고 힘들기도 했지만, 단순한 아이들의 삶의 방식도 상당히 매력적이었다. 갈등과 그것의 해소를 통해 남자가 되어가는 아들들을 본다. 때로는 삶의 지혜도 배운다. 그렇게 엄마도 함께 성장해간다. 그 '징한' 싸움을 통해서.

형제 싸움 지혜롭게 극복하는 방법

형제가 함께 자라는 가정에서 형제 싸움은 피할 수 없습니다. 아들 양육에서 가장 힘든 부분이기도 합니다. 피할 수 없다면 지혜롭게 극복하는 방법이 필요합니다.

가장 먼저 생각할 수 있는 방법은 '타임아웃'입니다. 주식시장에서 하루에 주가가 정해진 이상 폭락하면 시장의 보호를 위해 일시적으로 모든 시장의 기능을 마비시키는 '서킷 브레이크'가 있습니다. 엄마는 아이들과 평소에 협의를 통해 정말 긴급한 상황에 모든 행동과 말을 중지시키는 나름의 서킷 브레이크 장치를 정할 필요가 있습니다. 이런 '타임아웃' 제도는 아이들을 키울 때 자주 효과적인 방법이라 소개되는 것입니다.

그리고 아이들에게 하고 싶은 이야기는 반드시 장소를 구분하여 따로 이야기해야 합니다. 특히 동생이 보는 앞에서 형에게 잔소리하는 것은 당사자의 자존심을 크게 해쳐 비난의 대상이 엄마에게 집중되는 엄청난 역효과를 불러옵니다.

반드시 형과 동생을 방에 따로 불러 이야기를 충분히 들은 다음에 조근조근 이야기하는 시간을 갖는 것이 좋습니다. 격한 감정의 대립을 피하기 위한 가장 효과적인 방법이 이런 것이 아닐까 생각합니다.

"한 판 붙어 볼래…?"
"금방 붙네요"

• • • • • • 삼형제가 자란다. 내 키를 훌쩍 넘어 아빠 키 정도까지 커가고 있다. 아이들이 자라는 만큼 싸움도 진화하고 있다. '징하게' 싸웠지만 여지껏 티격티격은 귀여운 수준이었다. 이제는 커진 덩치에 맞게 싸움도 제법 격하다.

이런 전투가 낯설지 않다. 남자 중학교에 근무할 때였다. 수업 시간에 문제를 풀고 뒤돌아섰는데 갑자기 두 아이가 무서운 기세로 주먹다짐을 하고 있었다. 10여초 만에 벌어진 그 상황이 당황스럽거나 무섭다고 느낄 새도 없었다. 다른 학생들에게 한 명씩 붙잡으라 하고 아이들을 일단 분리시켰다. 다시 한 판 붙을 기세로 여전히 씩씩거린다.

그런데 다음 시간에 만난 두 아이는 아무 일도 없었다는 듯이 서로 이야기하며 낄낄대기까지 했다. 순식간에 죽일 듯이 싸우는 것도 그렇지만, 금방 아무렇지도 않게 친해진 모습은 황당스럽기만 했다. 10여 년 전 교실에서 마주한 이 장면이 우리 집에서 재현되리라고 는 상상도 못했다.

주말 저녁이었다. 오랜만에 놀러 온 조카들과 맛있게 저녁을 먹 고 케이크도 먹었다. 훈훈한 분위기는 첫째와 둘째의 격한 대화로 사그라들었다.

"야 주필홍 그거 줘 봐."라고 명령조로 말하는 첫째. "왜? 왜 내 가 그래야 하는데?"라고 퉁명스럽게 답하는 둘째. "야 너 말 똑바 로 안하냐?"라고 톤을 높이니 "왜 형이라고 다 하고 싶은 대로 해 야 하는데?"라며 삐딱하게 받아친다. "야 너 똑바로 안 봐? 어디 꼴 아보고 있어! 이 새끼 진짜 내가 너 죽여버린다. 쫄리는 새끼가. 쫄 리냐 쫄리냐? 한 판 붙어 볼래?" "뭐 쫄 줄 알아? 때리지도 못할 거 면서, 뭐 형이라고 함부로 해도 되는 줄 아나 보네." '대화'는 말싸 움이 되고 주먹다짐까지 할 기세다.

이 순간 내가 할 수 있는 건 많지 않다. 나는 어떤 말을 해도 원 망을 듣는다. 첫째에게는 "왜 엄마는 쟤 뭐라고 안 하는데요? 쟤가 잘했어요?"라는 원망을, 둘째에게는 "아니 엄마는 왜 맨날 형 편만 들어요? 뭐 형이 왕이라도 돼요?"라는 원성을 듣는다.

거칠게 싸우는 아이들이 만정 떨어지게 밉고, 내 자식이 이 모양 이 꼴이라는 한탄이 마음에서 올라오며 주저앉아 울고 싶어진다. 그러나 내 마음을 표현할 틈이 없다. 격분한 이 두 헐크를 진정시

켜야 하니까.

남자 중학교의 격투 현장 아이들에게 했던 것처럼 아들들의 전투한 복판에서 감정은 뒤로 하고 아이들을 분리한다. 첫째에게 말한다.

"필립아, 화가 날 수는 있어. 하지만 동생에게 그렇게 함부로 말하는 거, 특히 엄마가 그만하라고 하는데도 계속하는 건 엄마를 무시하는 행동이야. 아무리 화가 났어도 그걸 표현하는 것보다 최소한의 예의를 지키는 것이 중요해. 그래야 큰 실수를 하지 않을 수 있어." 그리고 둘째에게 말한다.

"너는 엄마가 형 편만 드는 것 같아? 그런데 엄마가 필홍이한테 먼저 말을 멈추라고 하는 이유는 그게 너를 보호하는 거니까 그런 거야. 필홍이는 입이 참 귀한 아이잖아. 얼마나 사람의 마음을 움직이게 잘 하는 아이인데, 왜 이런 상황에서는 자꾸 어리석게 상황을 더 안 좋게 하는 거야? 그게 안타까운 거야. 그래서 말을 멈추라고 하는 거야."

둘째는 형에게 억울하게 욕먹고 당했다는 분한 마음은 있지만, 자신을 돌아본다.

"엄마, 제가 너무 화를 많이 내는 게 문제인 거 같아요. 사실 저는 필립이 형과 싸우고 싶지도 않아요. 그런데 막 화를 내다보면 제가 왜 화를 냈는지도 까먹어요. 그냥 화를 내요. 왠지 지면 안 될 것 같아서 화를 더 크게 내기도 해요."

격한 감정이 도화선이 되어 헐크로 변신한 두 아들. 그렇게 전장에 뛰어들었던 두 녀석은 마음을 누그러뜨리고 다시 '소년'으로 돌아온다. 무심하게 사과의 말을 건넨다. 약간 서먹할 것도 같은데 돌아서면 어느새 지들끼리 낄낄대고 있다. 이 모든 상황의 시작과 종료까지 두 시간 남짓이었다. 남자 아이들의 싸움은 성냥불처럼 확 타오르다 이내 사그라든다. 이런 상황을 지켜 본 막내 필원이가 무심코 말한다.

"금방 붙네요! 아 그 뭐지? 물로 베는 거요. 아 맞다. 칼로 물베기요."

요즘은 아이들의 격한 싸움을 서열경쟁의 한 부분이자 성장 과정의 일부로 받아들인다. 그럼에도 여전히 형제간의 다툼을 지켜보는 건 괴롭다. 특히 거친 말에, 주먹질까지 하려는 모습을 보고 있으면 '이렇게 폭력적인데 다른 데 가서도 그러는 거 아냐? 나중에 커서도 폭력적인 사람이 되는 거 아냐?'라는 근심과 우려, 자식을 잘못 키운 거 아닌가 하는 자책까지 밀려온다.

'아우 먼저, 형님 먼저'하는 '의 좋은 형제'가 되기를 간절히 바라지만 동화가 현실이 될 수는 없었다. 빨리 다시 현실로 돌아와 아들들과 내 자신을 본다. 자라고 있는 아들들과 그 사이에서 고군분투하는 나. 비난보다는 작은 위로를 나에게 보낸다.

'아이들은 그냥 자라고 있는 중인 거야. 그리고 넌 아이들 사이에서 너의 자리를 잘 지키고 있어. 너 자신을 자책하지 마.'

사춘기가 되면 형제 사이의 갈등은 빈번해지고 격렬해집니다. 이때 경계해야 할 부분이 있습니다. 바로 폭력입니다. 왜냐하면 사춘기 아이들은 자신의 힘이 어느 정도인지 모르고 쓰기 때문입니다. 힘 조절이 안 되기 때문에 주먹 한 번 쳤을 뿐인데, 상대를 심하게 다치게 하는 경우가 많습니다. 남자 아이들의 싸움은 예측하지 못한 심각한 상처를 남기기도 합니다.

사실 우리 사회는 가족 내 폭력, 특히 형제 간 폭력에는 관대한 편입니다. 그래서 형제 싸움을 '애들은 다 싸우면서 큰다' '형한테 맞아봐야 형 무서운 줄 알지?'라는 식으로 인식하는 경우도 허다합니다. 그러나 가정에서 형제 간 폭력은 아들의 성장에 치명적인 영향을 미치기도 합니다.

가령 형제 관계에서 신체적 폭력과 같은 부정적 관계를 경험한 아이들은 공격성이 커집니다.[3] 뿐만 아니라 형제 폭력은 또래 폭력으로 이어지기도 합니다.[4] 심지어 형제 폭력에 노출된 아이들은 비행이나 반사회적 일탈 행동에 빠지기도 합니다.[5]

형제간의 갈등 상황은 언제나 발생할 수 있고, 격렬한 싸움으로 변질될 수 있습니다. 그러나 이 싸움의 한 가운데서도 엄마는 두 가지를 생각하고 있어야 합니다. 폭력이 무엇으로도 정당화될 수 없다는 점과 폭력이 아닌 다른 방법으로 갈등 상황을 해결할 수 있는 방법을 말입니다. 그래야 형제간의 싸움은 또 다른 폭력을 낳는 '폭력'이 아닌 우리 아들들에게 배우고 성장하는 기회가 될 수 있기 때문입니다.

아들, 그들만의 세상

아들의 가벼움,
엄격근엄진지의 황금비율

•••••• 남중, 남고에 근무할 때 남자 아이들이 가장 무서워하는 선생님이 있었다. '학주'선생님이 아닌 말로 엄하고, 진지하게 꾸짖는 여자 선생님이다. 아이들의 잘못을 세세하게 나열하며 무엇이 잘못되었고 어떤 의미가 있으며 어떻게 해야 하며… 길고 긴 설명이 이어지며 남학생들의 멘탈은 탈탈 털린다. 순간 남학생들은 이렇게 생각한다.

'아 차라리 한 대 때려주지.'

이런 아들에게 깨달음을 주겠노라고 이야기를 이어가지만 한 귀로 들어가 1초도 머무르지 않고 그대로 흘러나간다. 애써 한 이야기가 다 흘러나간 후 감정만 남는다.

'아 짱나, 뭔 소린지도 모르겠고 언제 끝나는 거야. 아, 뭐래.'

학교 교무실에서 혼나고 있는 남학생 둘이 있다. 처음에는 진지한 표정으로 선생님의 이야기를 듣는 듯하더니 이야기가 길어지니 갑자기 둘이 툭툭 치며 피식 웃기 시작했다. 선생님 입장에서는 무개념의 모습에 더 화가 난다. 사실 이 아이들은 선생님의 진지한 이야기를 다 듣고 있기 힘들었다. 듣다 어느 순간 집중력이 흐려지고 어찌해야 할지 모르겠는 어색함에 자신도 모르게 피식 웃게 된 것이다.

어느 날 저녁, 언제나 그랬듯 둘째와 셋째, 첫째와 둘째는 열심히 싸우고 있었다. 너무 말도 안 되는 이유로 싸우고, 되지도 않는 소리들을 하기 때문에 무엇 때문에 싸웠는지 기억도 나지 않는다. 나는 아이들이 싸울 때마다 이 갈등의 원인을 찾고, 서로 이해시키고 화해하는 과정을 단계, 단계 밟았다. 무엇이 잘못됐고, 형과 동생은 각각 어떠해야 하며 형제는 어떻게 우애를 쌓아야 하는지 등을 차분하게 설명했다. 그러나 문제 해결에 전혀 도움이 되지 않았다.

그런데 신기한 일이 있었다. 분명 터질 듯이 싸우고 있었고, 문제 해결이 안 되었는데, 갑자기 킥킥대고 껴안고 뒹굴고 있는 것이다. 어느 날은 둘째와 셋째가 소리치며 싸우고 있는 가운데 첫째는 남의 일인 듯 흥얼거리며 양치를 하고 있었다. 양치 후 칫솔의 물기를 뺀다고 툭툭 치는데 칫솔이 부러져버렸다. 당황한 첫째의 멍한 표정과 동시에 둘째와 셋째는 말 그대로 빵 터졌다.

"야, 너네 방금까지 싸우지 않았어?"라고 물으면 "저희가요? 언제요?" 하며 또 계속 웃는다. 때로는 첫째의 엉뚱한 행동에, 때로는 둘째의 우스꽝스러운 표정에, 때로는 셋째의 생뚱맞은 멘트에 급평화 모드가 찾아온다. 진지하게 평화를 외치며, 썰을 풀던 나만 뻘쭘해졌다.

큰 아이 초등학교 1학년, 아이는 학교 가는 길에 지우개를 사야 하는 걸 깜빡했다. 그리고 나는 아이의 실수를 '엄히' 꾸짖고 있었다. 그 작은 실수 하나가 나쁜 습관이 되어 성인이 되었을 때 자신이 맡은 일도 제대로 못하는 사람이 될 수 있다는 둥 근엄하고 엄격하고 진지한 꾸짖음이 길게 이어졌다.

그 모습이 카메라에 담긴 적이 있었다. 장면 속 나와 아이의 모습을 본 나는 얼어버렸다.

'아 진짜 답답해. 뭐가 저리도 심각한데, 뭐 하나 작은 거 실수만 해도 못 잡아먹어서 안달이야. 알아듣기도 힘든 말로 왜 저렇게까지 화를 내며 말하는 건지…, 아… 언제 끝나는 거야.'라고 말하고 있는 아이의 눈빛이.

'내가 무슨 일이 있을 때 이 엄마한테 말했다간 지적질만 당하고 혼만 나겠네.'라는 생각을 심어주고 있는 듯한 내 모습이 보였다. 난 사실 세상 재미없는 인간이다. 남편은 내가 '재미때가리' 하나도 없는 사람이라고 말하곤 했다. 친구들도 "넌 공부가 참 재밌나봐."라곤 했다. 공부를 재밌어 하고 노는 재미를 모를 만큼 노잼에 진지모드 인간이다.

그러나 엄격하고 근엄하고 진지하기만 한 엄근진 100%로 가득

찬 나는 변화해야 했다. 그럴수록 아이들은 멀어져갈 테니까. 해봐야 귀에 들어가지도 않고 흘러갈, '짱나는' 감정만 남기는 엄마가 될 수는 없었다.

진지함을 포기하고 망가지기로 했다. 적어도 남자 아이들 앞에서는 진지한 대화를 시도하기보다는 일단 몸으로 부대끼는 방법으로 친해지기로 했다. 그냥 실없는 소리하고, 아이들의 표정과 말도 따라 하고, 헛발질도 한다. 애들이 좋아하는 유튜브나 게임도 공부하듯 열심히 찾아본다. 때로는 일부러 아무 의미 없이 재미만을 위한 동영상을 함께 보기도 한다.

모든 현상에서 패턴을 찾고 추상화하는 수학. 그것을 다루던 여자가 삼형제 덕분에 그냥 킥킥대는 가벼움을 배워간다. 그렇게 내 안의 무게를 덜어내고 가벼워지다 보니 아이들과 자연스럽게 친해졌다.

일단 친해져야 한다. 그래야 하고 싶은 말이 아이들 귀에 들어가 가슴에 남는다. 아무리 좋은 말씀도 듣자마자 다 흘러 나가버리면 아무 소용없으니까. 친해졌을 때, 아주 결정적인 순간에만 엄근진을 사용해야 효과가 있다. 자신들과 웃고 떠들고 이야기하던 사람이 엄근진했을 때 아이들은 '아 지금 이거 분위기 다른데, 이거 심각한 상황이야.'라는 사인으로 받아들였다. 그리고 이때 엄근진은 진정한 엄근진으로 통했다.

아무 생각 없이 애들과 놀다 생각해보니 이렇게도 세상 즐겁게 살 수 있는데, 난 뭐 그리도 심각하고 진지했나 싶다. 오늘 밤 격렬하게 싸우다 말고 뒤엉켜 킥킥대는 삼형제와 함께 나도 같이 뒹군다. 그러는 중에도 엄마로서의 엄근진이 작동해야 할 상황은 있다.

그러나 너무 자주 할 필요는 없다. 엄근진의 황금비율은 웃고 떠들기의 10% 정도면 적당하지 않을까 싶다. 꼭 필요하지만 입에 너무 쓴 한약 같은 진지함. 우리의 주식이 약이 될 수 없는 것처럼 가벼운 유쾌함이 밥처럼 익숙해져야 할 것 같다.

아들 유머의 가치

엄마들은 아들의 유머를 진지하지 못한 모습으로 받아들여 억누르려고 하는 경향이 있다고 합니다. 하지만 웃고 즐기는 모습은 쓸데없는 일이 아닌 자신의 일상을 활기차게 만드는 낙관적인 시도라고 합니다.[6] 실제로 여학생보다 남학생들이 이런 유머를 더 선호하고 있습니다.[7]

아들이 선호하는 유머는 성장과정, 삶 전반에서 자신을 더욱 빛내줄 수 있습니다. 연구 결과 유머는 스트레스를 감소시키거나 스트레스 상황의 부정적 감정을 완화시켜줍니다.[8] 또한 유머는 코티졸이라는 스트레스 호르몬을 감소시키고 면역 체계를 활성화시키기도 합니다.[9] 유머는 우리 아들의 미래 직업 세계에서도 실질적 이득을 가져올 수 있습니다.

기업체에서는 점차 유머에 주목하고 있기 때문입니다.

삼성경제연구소가 CEO를 대상으로 한 설문조사 결과에서는 유머는 기업 생산성을 높이고, 조직문화를 활성화하며, 고객 만족도도 높이는 중요한 변수로 확인됩니다. 이를 보여주듯 뛰어난 임원과 평범한 임원을 구분 짓는 지표가 유머가 될 수 있음을 보여주는 '유머와 연봉이 비례한다?'라는 말도 있습니다.[10]

그리고 아들의 유머를 이해하면 대화도 잘 풀릴 수 있습니다. 아들은 부모의 갑작스런 진지한 대화 모드를 부담스러워하고 이를 피하려 할 것입니다. 아들의 가볍고 우스꽝스럽기도 한 말투가 어색할 수도 있지만, 부모가 아들의 언어를 배우면 좀 더 쉽게 다가갈 수 있습니다.

이렇게 아들의 놀이 방식, 언어 표현 등을 배워서라도 아들의 눈높이에서 대화하는 자세는 부모 자녀 대화에서 가장 중요한 부분이라고 합니다.[11] 사실 아들과의 대화가 아쉬운 건 부모지 아들이 아닙니다. 그러니 부모가 아들에게 다가가야겠지요.

아들의 유머 코드를 배우고 이렇게 다가가 대화를 시작해야 아들에게 어떤 말이라도 전할 수 있고, 이것이 관계의 기본이 될 것입니다.

아들의 세상에서 제일 귀한 건,
"오늘 저녁 뭐예요?"

• • • • • • 퇴근 길 아들들의 전화를 받는다. 핵심은 두 가지다. "엄마, 언제 와요?" 그리고 "엄마, 오늘 저녁은 뭐예요?" 주말 아침 이면 삼형제가 나를 깨우러 온다. 내가 좋아서 오는 줄 알았다. 아이들이 말한다. "근데 엄마 아침 뭐예요? 빨리 아침 줘요!" 아침을 먹으며 묻는다. "근데 점심은 뭐 먹을 거예요?" 점심을 먹는다. 잠시 후 또 묻는다. "근데 저녁은 뭐예요?"

아들들에게 엄마는 자신들에게 맛있는 것을 주는 존재이다. 이때 아들들은 엄마를 가장 사랑스럽게 본다. 반대로 먹을 게 부실했을 때, 맛있는 게 없는 식탁을 마주했을 때 삼형제는 세상 시무룩한 표정으로 나를 원망하며 바라본다.

어느 주말 저녁, 둘째와 셋째가 한참 푸닥거리를 한다. 시끄럽다고 한 마디 거든 첫째에게 둘째는 "왜 형은 끼어드는데, 왜 형은 얘

편만 드는데.”라며 항변한다. 어느새 싸움은 3파전이 되어 걷잡을 수 없게 된다. 난 그 싸움판에 끼어들어봐야 아무 소용없음을 안다. 대신 싸움의 판을 깰 방법은 안다. 가장 빠르고 확실한 특효약이 있으니, 바로 ‘삼겹살’이다.

최대한 그들만의 난투를 못 본 척하며 그냥 조용히 팬을 달구고 삼겹살을 굽는다. 그리고 냄새가 솔솔 올라오기 시작하면 화제가 자연스럽게 전환된다.

“와 저녁에 삼겹살 먹어요?”라며 싸우다 말고 메뉴 체크를 하신다. “어쩔래? 계속 싸우고 있을래? 와서 맛있게 먹을래? 김치까지 같이 구울 건데.” 하면 삼형제는 식탁으로 모여든다. 맛있게 먹느라 왜 싸웠는지 까먹는다.

“야, 근데 너무 하는 거 아니냐, 너네 방금까지 싸우지 않았냐? 왜 싸웠는지는 기억나?”라고 물으면 “형, 우리가 언제 싸웠어?” “어 그러게 우리가 언제 싸웠지?~” ”그래요 엄마, 우리가 언제 싸웠어요.” 돌아가며 한 마디씩 거들며 피식 웃는다. 삼겹살을 구우니 아이들의 지지고 볶던 상황이 사라졌다. 삼겹살 한 판에 갈등 해결이라니 이런 가성비 갑이 또 없다.

가끔은 아이가 속상해 하거나 투덜거릴 때 조용히 데리고 근처 카페에 간다. 일단 맛있는 것을 하나 입에 넣어주고 무슨 일인지 묻는다. 통통 부었던 아이 입에서 이야기가 나온다. 그리고 입을 즐겁게 해준 먹거리와 함께 아이의 마음이 풀려간다.

결혼 전 친정아버님께서 큰 과수원을 하시는 아주머니 사연을 TV에서 보시면서 "참 저 아주머니 지혜롭네 사람이. 신랑이랑 할 이야기가 있으니까 따따부따하지 않고 술상을 간단히 내와서, 기분 좋게 해서 이야기 하는 거 보니까."라고 하셨던 말씀이 떠올랐다. 그때는 몰랐다. 이제는 알 것 같다. 남자인 아들들이 그랬다. 입이 즐거우면 마음이 너그러워지고 이야기는 잘 통했다.

여전히 이해하기 어렵다. 어떻게 그렇게도 지지고 볶다가 먹는 거 하나에 첨예한 갈등이 해결의 변곡점으로 돌아서는지, 어떻게 까칠했던 마음이 맛있는 음식 하나에 윤활유를 바른 것처럼 부드러워지는지. 그 경이로운 현상을 깨닫기도 어려웠지만 사내들은 그랬다. 마치 이들에게 세상 제일 귀한 것, '세젤귀'는 바로 먹거리인 듯하다. 아들은 먹을 때 너그러워졌다. 평안해졌다.

'이해가 안 되면 외워라'는 말을 떠올린다. 난 아들의 세젤귀가 먹거리에 있다는 게 여전히 신비롭지만 '우리 아들의 세젤귀는 먹거리야'라고 외운다. 그리고 매주 삼겹살을 굽는다. 까칠해진 녀석은 잠깐 데리고 나가 달콤한 것을 입에 물려준다. 이야기를 듣는다. 그러면서 아들을 알아간다. 아들이란 난해한 방정식을 이렇게 풀어간다.

교육부 '2018년 학생건강검사 표본통계'에 의하면 초중고 학생 중 25%가 비만군에 속한 것으로 밝혀졌습니다. 이 수치는 경제협력개발기구(OECD) 평균보다 더 높을 뿐 아니라 해마다 꾸준히 증가하는 추세입니다. 특히 남학생의 비만율은 26%로 여학생보다 더 높습니다. 이런 점에서 먹을 것을 좋아하는 아들의 식습관에 더 큰 주의가 필요합니다.

남학생들의 식습관은 여학생들보다 더 좋지 않은 편입니다. 남자 아이들은 TV나 광고에 나오는 과자를 보면 먹고 싶어지고, 배고프지 않아도 음식이 있으면 더 먹게 되는 성향이 있습니다.[12] 또 식생활에 대한 관심 정도나 아침식사의 중요성, 올바른 식습관의 중요성, 야식과 비만의 관계, 식사속도와 비만 가능성, 안전한 식품 섭취와 건강 관계 등과 같은 식생활 인식 수준이 여학생보다 더 낮습니다. 뿐만 아니라 여학생보다 영양지식도 더 낮고 가정에서 식생활 교육을 경험한 비율도 더 적습니다.[13]

남학생들의 식습관을 위해 무엇을 할 수 있을까요? 먼저 식생활 교육은 에너지, 운동수행능력을 중심으로 진행할 필요가 있습니다. 이런 교육으로 식생활 관심도가 높아지고 바람직한 식생활 행동을 실천하는 정도도 향상될 수 있기 때문입니다.[14] 그리고 구체적인 영양 관련 지식을 알려주는 일도 중요합니다. 실제로 남학생은 채소에 대한 영양 지식이 많

은 경우 채소 선호도가 높았습니다.[15]

아들의 먹는 즐거움과 건강한 성장 사이의 균형이 필요합니다.

아들의 언어,
형이 있으니까 욕을 빨리 배우지

• • • • • • • 어느 날 옹기종기 모여 있는 엄마들 무리에 합류하게 됐다. 화두는 '욕'이었다. "그 애 있잖아. 걔는 형이 있어서 그런지 말이… 아휴… 욕도 잘하고, 안 좋은 말도 많이 하고, 우리 애가 배울까 무섭다니까."

다른 엄마가 거든다. "그러게요. 꼭 보면 형 있는 애들이 욕을 금방 배우더라고요." "그래서 아는 분 아이는 태권도 그만뒀잖아요. 애들이 보니까 태권도 차 타고 왔다갔다 하면서 못된 말을 형들한테 배우더라니까요."

이런 말을 듣고 있자면 아무도 내 자식에 대해 말하지 않았어도 절로 고개가 숙여진다. 위로 형만 둘이나 있는 셋째를 바라보는 시선 속에 '형이 있으니까 욕을 빨리 배우지'라는 뉘앙스가 느껴지기 때문이다.

필원이의 말투가 또래보다 세다는 점은 부인할 수 없다. 아무래도 형들과 지내며 지지 않으려고 기를 쓰고 센 척 하며 말하다 보니 더 거칠어지는 경향도 있다.

요즘 아이들에게 욕은 너무나 일상적인 언어가 되어버렸다. 특히 게임을 할 때 남자 아이들의 욕 사용은 극대화된다. 아이들의 두 손은 키보드와 마우스를 부지런히 움직여 온라인 속 캐릭터를 이용해 열심히 공격한다. 이때 남아 있는 게 바로 입이다. 아무래도 남자 아이들이 즐기는 게임은 공격적이다. 그러다 보니 입만 살아 있는 상태에서 욕이 쉼 없이 쏟아져 나온다. 온라인 대화로 욕하면 게임 정지를 먹으니 그 에너지는 더욱 입에 집중된다.

그런데 문제는, 아이들은 자신이 욕을 했다는 사실 자체를 인지하지 못한다는 점이다. "욕 좀 하지 마."라고 말하면 "제가 욕했어요? 언제요? 진짜 안 했는데요."라며 의아하다는 표정은 짓는다.

아들들의 이런 습관적인 욕은 심각한 문제가 될 때가 있다. 학교에서 선생님 앞에서도 자기도 모르게 욕이 튀어나오는 경우가 허다하다. 교사가 뭔가 문제점을 지적했을 때 자기도 모르게 "ㅅㅂ, 아 ㅈ같네." 하고 내뱉는 아이들이 많다. 안 들릴 거라 생각하지만 들릴 뿐만 아니라 입 모양을 통해서도 전달이 된다.

선생님들도 아이들 상황을 고려해 눈 감아 주는 경우도 있지만, 문제 삼고자 하면 교권침해 건이 될 수 있는 사안이다. 감탄사나 추임새처럼 되어버린 학생들의 욕설을 학교에서 종일 듣고 있노라면 내 자신이 쓰레기통에 들어가 있는 기분이 들 때가 있다. 나는 가끔 듣는 욕에도 기분이 나빠지는데, 욕을 달고 사는 아이들은 그런 불쾌함을 전혀 느끼지 못할 만큼 무뎌져 있다.

욕이 일상인 학생들에게 그때마다 매번 지적하기는 쉽지 않다. 그래봐야 바로 뒤돌아서서 "18, 18" 하기 일쑤다. 그래서 학생들이 '욕'은 부정적이라는 자각을 할 수 있도록 돕는 작전을 쓴다. 좀 더 와 닿길 바라는 마음에서 정확한 욕의 의미, 현실적 사례 등을 말한다.

아이들이 가장 흔히 쓰는 'ㅅㅂ'에 대한 자세한 설명이 그 중 하나다. 'ㅅㅂ'이라고 쓰는 말은 정확히 '씹팔년' 또는 '씹할놈'이라는 말에서 나왔다. '씹'의 사전적 의미는 여성의 성기나 성교를 비속하게 이르는 말이다. 이런 차원에서 '씹팔년'은 '성을 파는 여자'라는 의미다. '씹할놈'은 '~와 성교하는 놈'이라는 뜻이다. 보통 이 욕은 '너네 엄마'라는 의미의 '니기미'라는 말이 앞에 붙는다.

결국 이 욕의 진정한 뜻은 '너네 엄마가 창녀다' 또는 '너네 엄마와 성교할 놈'이라는 지독한 패드립이다. 그것을 줄인 것이 'ㅅㅂ'이다. 욕의 정확한 의미를 설명하면 표정이 굳지 않는 아이들이 거의 없다.

그리고 습관적으로 사용하는 욕의 현실적인 문제점을 말해준다. "애들아, 너희들 말 시작부터 끝까지 모두 욕이잖아. 성인이 되면 안 할 것 같아? 습관은 무서워서 자기도 모르게 하게 되거든. 선생님 아는 분이 은행에 계셨는데 신입사원들이 너무 예의바른 모습이었는데. 근데 점심 먹으러 가는데 완전 자연스럽게 '18, 18' 하고 욕을 한 거지. 그래서 그 신입사원들 완전 찍혔잖아. 너희들은 안 그럴 것 같지만 습관적으로 욕을 하다 보면 회사 취직하려고 면접 보러 가서도 자기도 모르게 18, 18 할 수도 있어."

생각해보면 세상의 많은 욕지거리에는 사회적 약자를 향한 폭력이 들어 있다. 여성을 향한 '씨팔' '화냥년', 신체적인 질환이 있는 사람을 일컫는 '미친 새끼' '또라이' '병신' '멍청이' 등. 세상의 모든 약자 중 원해서 그리된 사람은 없을 것이다. 사회적 구호나 보호의 대상이 욕의 소재가 되는 일은 그 사회가 그만큼 덜 성숙했음을 의미하기도 한다.

신체적으로 약한 사람을 밟고 일어서서 자신의 강함을 과시하는 행동이야말로 인간이 할 수 있는 가장 못난 일이다. 세 보이고 싶어서 또는 소위 '인싸'가 되기 위해 욕을 달고 사는 우리 아이들. 욕의 소재가 된 여성의 한 명으로 아들들에게 이것이 얼마나 폭력적이고 비인간적인 일인지 오늘도 알린다. 자신들의 욕설이 그들의 어머니와 누이, 나아가 후일의 배우자와 자식을 향한 것이 될 수 있음을.

호모욕쿠스는 '욕을 통해 생각과 감정을 표현하는 등 욕과 밀접한 관계를 가지며 살아가는 인간'을 뜻하는 신조어입니다.

조사 결과에 의하면 '욕'은 청소년기 남자 아이들과 더욱 밀접하게 관련되어 있음을 알 수 있습니다. 남학생의 경우 욕설, 비속어 사용 빈도뿐 아니라 '친한 사이에는 욕설이나 비속어를 사용해도 된다'는 인식 정도도 여학생보다 더 높게 확인됩니다.[16] 또한 남학생은 여학생보다도 거친 비속어를 더 많이 사용하는 것으로 나타납니다.[17]

그런데 소위 '호모욕쿠스'가 된 아이들은 발달에도 문제가 있을 수 있습니다. 이와 관련한 흥미로운 실험 결과를 보여주는 프로그램[18]이 있었습니다. 실험자에게 긍정 단어, 부정 단어, 금기어, 중립단어와 같은 서로 다른 네 종류의 단어를 제시하고 암기하도록 했습니다.

참여한 실험자는 "단어를 잘 기억하려고 하다가 욕이 나오는 순간 앞 단어가 잊혔다."라고 말했습니다. 이것은 욕이 다른 단어보다 4배나 강하게 기억되고, 분노와 공포를 느끼게 하는 감정의 뇌를 자극해 이성의 뇌 활동을 막기 때문이었습니다.

즉 강한 욕설을 듣는 순간 뇌는 통제력을 잃어버리고 상처받는다는 의미입니다. 자신이 말한 욕을 가장 먼저 듣는 사람도, 자신이 쓴 욕을 가장 먼저 읽는 사람도 본인입니다. 아이들은 욕을 하면서 자기 자신의 성장에 가장 큰 걸림돌을 스스로 만들어가고 있는 건지도 모릅니다.

한편 우리 아이들의 이런 부정적 언어 사용의 가장 큰 원인은 바로 '부모의 언어폭력으로 인한 스트레스'라고 합니다. 아이들의 '욕'을 욕하기 이전에 아이들을 대하는 우리의 자세, 우리의 언어를 되돌아봐야 하는 이유입니다.

아들의 위기,
학교 폭력

••••••• 저녁 강의까지 마치고 늦은 시간에 귀가했다. 집에 들어서자마자 중학교 1학년이 된 지 한 달밖에 되지 않은 둘째가 심각한 표정으로 "엄마 저 할 이야기가 있어요." 하며 손을 잡아끌었다. 방문까지 닫고서야 아이는 이야기를 이어갔다. "엄마 저 오늘 학교에서 황당한 일이 있었어요. 근데 제가 왜 그런 일을 당했는지 모르겠어요. 제가 뭘 잘못했는지 모르겠어요." 무슨 일이 있었냐며 아이를 진정시키고 이야기를 들었다.

"오늘 학교에서요. 급식 시간에 줄을 서고 있었어요. 그런데 ○○가 갑자기 새치기를 하는 거예요. 솔직히 2, 3학년 형들도 34분 넘으면 끼어들기 하면 안 되거든요. 그런데 형들이 끼어드는 것도 열받는데 1학년이 끼어드는 거예요. 그래서 제가 '야 너는 왜 끼어드냐' 했더니 3학년 형들이랑 있으면서 '형들이 오라고 했는데'라고 하는 거예요. 그래서 제가 열 받아서 '에휴, 에휴' 하면서 '아 그래? 그럼 누가 너를 오라고 했는지 데려와 보시든가'라고 했어요. 그런데요 저는 화가 나서 그냥 말한 건데요. 쉬는 시간에 진짜 3학년 형 두 명을 데리고 온 거예요. 그런데 그 형이 저한테 xxxxx라 막 욕하고, 바닥에 침 뱉으면서, 심지어 '너 필립이 동생이지? 필립이 'ㅈㅂ'인데 내가 발라버릴 거야'라고까지 하잖아요. 안 그래도 형 아파서 병원에 있어서 속상한데, 아니 저한테 말하면서 왜 필립이 형까지 끌어들이냐고요. 그 형은요. 선생님이 오셨는데도요, 계속 욕하고 침 뱉고 갔어요. 물론 제가 '에휴, 에휴' 한 건 기분 나빴을 수 있을 것 같아요. 그런데요 전 제가 뭘 잘못했는지 모르겠어요. 저 어떡해요?"

"필홍아, 진짜 놀랐겠다. 힘들었지. 선생님께 말씀드렸어?" "네, 선생님도 보셨고, 말씀드렸고, 글도 썼어요. 그런데 엄마, 그냥 이렇게 끝나면 어떡해요? 그 형이 필립이 형까지 공격한다고 하는데 어떡해요?"

아이는 많이 겁먹었고 위축되어 있었다. 이때 내가 처음 한 말은 이랬다.

"절대 이대로 그냥 끝나지 않아. 학교 선생님도 정확하게 처리해 주실 거야." 아이는 여전히 얼어 있었다. 두려움에 떨며 "근데 엄마 그냥 끝나면 어떡해요?"라고 했다. 그래서 강하게 힘을 주어 말했다. "만약 그냥 이렇게 끝난다면 엄마 절대로 가만히 있지 않아. 절대로." 아이는 이 말에 큰 안도감을 느낀 듯 힘든 마음이 많이 진정되었다. 혼자서 감내하기는 힘든 공포와 위축감 속에서 전적으로 자신의 편이 되어줄 존재가 있다는 걸 안 둘째는 평안하게 미소 지으며 잠자리에 들었다.

사실 이 일이 일어난 날, 필립이는 심한 아토피 증상으로 입원 치료를 받고 있었다. 아픈 큰아들에게 안쓰러움이 있었지만, 솔직히 입원하고 있어서 해코지를 피할 수 있었겠다 싶으니 다행이었다. 그 아이가 필립이까지 거론했고, 실제로 그날 오후 필립이가 몇 반에 있는지 찾아다녔다는 말까지 들었기 때문이었다. 놀란 마음이 진정되지 않았고, 걱정스러울 수밖에 없었다. 아들이 입원해 있어 폭력적 돌발 상황을 피해 다행이었지만, 아픈 아이를 두고 이런 생각을 하게 되어 더욱 마음이 많이 무거웠다.

다음 날 아침 바로 남편과 함께 학교를 찾아갔다. 학교 방문이라는 액션은 학교 측에 항의하기 위한 의미는 아니었다. 그보다는 아이에게 부모가 얼마나 너의 어려움을 공감하고 도와주기 위해 노력하는지를 보여주기 위함이었다. 특별한 말을 하진 않았지만 아이의 문제에 아빠까지 얼마나 마음 쓰고 있는지를 보여주기에 충분했다.

담임 및 생활인권부장 선생님과 면담을 진행했다. 상급생이 하급생을 협박한 건이니 사안은 심각해질 수도 있었다. 그러나 가장 중요한 것은 진정성 있는 사과와 재발 방지였다. 이 점을 강하게 전달하고 돌아왔다.

그날 저녁 둘째는 "엄마, 학교에서 뭐라고 하셨어요? 어떻게 하신데요?"라고 물었다. "어, 엄마 아빠가 학교에 가서 절대 이런 일이 다시 일어나면 안 된다고 분명히 말했고, 너의 말처럼 진정성 있는 사과는 정확하게 꼭 받고 싶다고 말했어." 그제야 둘째는 안도하며 말했다. "네, 엄마 그럼 됐어요. 이제 됐어요. 저도 괜찮아요. 처음에는 정말 무섭고 막 그렇기만 했는데, 이제 괜찮아요. 형들이 사과만 해주면 괜찮을 것 같아요."

아이 얼굴에는 두려움, 공포심, 위축감은 이미 사그라든 상태였다. 학교에서 학교폭력 피해자가 된 상황에서 가장 중요한 것은 아이의 이야기를 들어주는 것, 그리고 전적으로 아이의 편이 되어주는 것이다. 이런 원론적인 이야기는 교사로서 업무처리 지침으로 익히 알고 있는 내용이었다. 그러나 실제 내 아이가 학폭 피해자가 되면서 이 점이 얼마나 중요한지 실감했다.

중학교에 입학한 지 한 달 정도밖에 지나지 않은 시점에서 겪게 된 학폭 피해 경험은 오히려 필홍이를 성장시켰다. 학폭 피해 경험 자체는 힘들고 아픈 경험이었지만, 전적으로 자신의 어려움을 지지하고 도와주기 위해 적극적으로 나서는 부모의 마음과 행동에 아이는 그 사건을 건강하게 이겨낼 수 있었다. 둘째는 큰 두려움, 공포심을 잘 이겨내고 성장할 수 있었다. 그렇게 아이는 한 단계 성숙해가고 있다.

피해자가 되었을 때

가장 중요한 것은 아이의 힘든 마음을 공감해주고, 전적으로 아이의 편에 서서 문제 해결에 적극적으로 나서리라는 이야기를 전해주는 일입니다. 그리고 원만한 문제 해결을 위해서는 다음과 같은 방법도 도움이 될 수 있습니다.

아이를 진정시키고 아이의 상황에 대한 인식, 이야기를 좀 더 끌어내어 기록하는 일입니다. 아이가 학교에서도 관련 사안에 대한 내용을 쓰겠지만, 혹시 긴장하여 중요한 내용을 빠트리거나 상세하게 쓰지 못할 수도 있습니다. 집에서 편안한 분위기에서 다시 한번 그 현장의 분위기, 주위에 있었던 친구들, 자신이 들었던 말 등을 최대한 구체적으로 쓰게 하는 것이 좋습니다. 단, 아이가 워낙 힘든 경험이라 글로 쓰기 힘들어한다면 억지로 할 필요는 없습니다. 이런 경우에는 아이의 말을 녹음할 수도 있습니다.

쌍방 간에 일어난 문제에서 내 아이의 이야기만 듣고 판단하는 것은 조심할 부분이기도 합니다. 하지만 전적으로 아이 편에 서야 할 보호자가 아이가 인식한 상황에 대해 정확히 알지 못한다면 아이의 마음도 제대로 품을 수 없을 것입니다. 또한 가해 학생, 학교와의 문제 해결 과정도 매끄럽지 못할 수 있기 때문입니다.

가해자가 되었을 때

아이가 학폭의 피해자가 되는 것도 가슴 아픈 일이지만, 가해자가 되는 상황도 매우 괴로운 상황입니다. 그런데 학교에서 경험한 학폭 사례의 경우 가해 아이보다는 그 보호자의 태도에서 확연한 차이가 드러났습니다.

어떤 부모님은 교사의 이야기에 귀 기울이지 않고 사안의 심각성에도 공감하지 않습니다. "애들 다 저러고 크지, 저 피해자 부모 극성스럽네." 이런 식의 태도를 보이기도 합니다. 심지어 중간에서 조율하는 담당 교사와의 통화 내용을 몰래 녹취하여 트집 잡으려 하는 경우까지 있었습니다. 또 다른 가해자 보호자는 사안의 실제 심각성보다도 더 상황을 무겁게 인식하고 무조건 고개를 숙이는 경우입니다. "정말 죄송합니다. 다시는 이런 일이 일어나지 않도록 저도 노력하겠습니다."

전자와 후자가 아이들에게 미치는 영향은 상반되게 나타납니다. 전자의 보호자를 둔 가해자 학생은 진정성 있는 사과를 하고 자신의 잘못을 뉘우칠 기회를 잃게 됩니다. 안타깝게도 다른 사건의 가해자로 연루되는 경우가 많습니다. 진정성 있는 자기 성찰의 기회를 보호자의 잘못된 대처로 놓쳤기 때문입니다. 후자의 경우 아이는 자신 때문에 고개 숙이고 곤란에 처한 보호자에 대한 미안함 때문에라도 자신의 행동을 스스로 교정하며 성장합니다.

사실 내 아이가 절대적으로 선한 행동만 할 것이라는 보장은 없습니다. 특히 남자 아이들은 성장하면서 의도하든 의도치 않든 크고 작은 사건에 휘말릴 가능성도 큽니다. 가해자가 될 수도 있습니다. 그러나 이러한 상황 속에서도 보호자의 대처에 따라 아이는 성장할 수도 있습니다. 돌이킬 수 없는 자신의 잘못을 깊게 뉘우치고 자기 성찰을 할 수 있다면 아이는 한 단계 성장할 것이기 때문입니다.

아들의 성,
야동의 통격

• • • • • • • 중학교 3학년 통계 단원 수업 시간. 학생들이 조별로
관심 주제 자료를 조사하는 시간이 있다. 조별로 진행되는 조사 과
정을 돌아보고 있는데 청소년 범죄를 주제로 선정한 조의 한 남학
생이 질문을 했다.

"선생님 그런데 성관계가 범죄에요?" 너무 갑작스러운 질문에
당황스러워 아무런 답을 하지 못했다. "범죄 아니지 않아요? 범죄
면 왜 콘돔을 무료로 보내줘요? 청소년 어쩌고 사이트에 신청하면
콘돔 무료로 그냥 보내줘요."라는 구체적인 설명이 이어졌다. 당혹
스러운 마음과 동시에 '어쩌면 얘는 이미 성경험이 있겠구나.'라는
생각이 떠올랐다. 청소년에게 이렇게 무료로 콘돔을 보내주는 사
이트가 있다는 것도, 실제로 이런 사이트를 이용하는 학생이 있다
는 것도 몰랐던 나의 무지함도 깨닫게 됐다.

그 말이 계기가 되어 자료를 검색해봤다. 2018년 기준 국내 중고등학생의 5.7%(중학생 2.6%, 고등학생 8.5%)가 성관계 경험이 있었다. 평균 성관계 시작 나이는 13.6세였다. 또 피임을 한다는 응답도 경험자의 59.3%에 달했다.[19] 생각보다 우리나라 청소년 중 성관계를 경험한 아이들도 많았고, 피임에 대해 인지하는 아이들도 많다는 사실이 놀라웠다. 그리고 초등학교 6학년 남학생의 26.5%는 음란물을 본 적 있다고 대답했다는 조사 결과도 있었다.[20] 그런데 음란물 비율에 대해서는 오히려 '초등학교 6학년 남학생의 단 26.5%만 음란물을 본 적이 있다고?'하는 의구심이 들기도 했다.

학교에서 만난 남자 아이들을 보면 중학교 1학년 때 '야동' 또는 '성'을 주제로 한 차례 홍역을 치르곤 한다. 수업 시간에도 아무렇지도 않게 누가 야동을 가장 많이 본다는 둥 이야기하는 남학생도 있다. 분명 공부를 한다고 했지만 컴퓨터만 붙들고 있는 것 같은 눈치가 보이기 시작하는 때가 있다. 엄마들이 하도 수상해서 몇 달간 인터넷 사용 기록을 검사해서 방문 사이트를 알아보면, 놀랍게도 소위 '벗방' 사이트 조회 이력이 엄청나게 나오기도 한다. 그 순간 엄마들의 눈앞은 캄캄해지기 시작한다.

한 엄마는 아이의 카톡도 뭔가 문제가 있을 것이란 직감이 들어서, 아들에게 미안하지만 비밀번호를 추정해 친구들과의 단톡방을 보았었다. 그런데 친구들과 나눈 '자위행위'에 대한 경험 이야기에 경악을 금치 못했다. 품 안에서 귀여운 눈망울로 눈맞춤하던 아들은 온데간데없이 성적 쾌락만 밝히는 그저 짐승 같은 남성만이 있었기 때문이리라.

사춘기 아들을 먼저 겪은 아들 엄마 선배님을 만나 보면, 어설픈 아들의 행동은 분명 티가 난다고 한다. 어떤 엄마는 아이가 6학년이 된 이후, 유독 잠을 일찍 자러 들어가는 시기가 있었는데, 뭔가 낌새를 챈 남편이 아무래도 수상하다며 방을 덮쳐보라는 언질을 주었다고 한다. 그날도 일찍 잔다며 들어간 아들의 방에 십여 분 후 불쑥 들어가니 덮어쓴 이불에서 불빛이 새어나오다가 이내 꺼졌다고 한다. 태블릿 PC를 미리 준비해놨다가 이불 안에서 실컷 보다 황급히 창을 닫고 자는 척을 한 것이다. 이불을 걷어내고 뺏은 태블릿에는 웬 낯선 여인의 모습이 있었고….

그런데 이런 아들들의 모습은 학교에서 만난 남학생, 동네의 어떤 집 아들들만의 문제는 아닐 것이다. 우리 아들들도 그러할 것이고, 이런 상황에서 엄마들은 당혹스러울 수밖에 없다. 애써 엄마로서 담담한 척하지만 아들의 성에 대해 생각할수록 뭔가 걱정스럽고 불쾌한 감정만 일었다. 불편한 마음을 진정시키고 남편과 아들들의 야동 이야기를 나누었다.

그런데 뜻하지 않은 답변이 나왔다. "그런데 성이 나쁜 것이야?" 그 순간 "성관계가 범죄에요?"라고 물었던 학생의 질문이 생각났다. 그러고 보면 성이라는 것은 나이가 지나면 알아야 하고 즐겨야 할 당연한 요소다. 이것을 말하는 것조차 터부시하는 내가 이상할 뿐이었다.

사실 아이들의 성에 대한 관심은 자연스러운 것이고, 자신의 성기는 그저 신체의 일부분일 뿐이다. 다만 그것을 대하는 내 태도가 아이들의 자세를 결정할 뿐이었다. 아이들이 음란물을 접할 수도 있고 야동을 볼 수도 있다. 다만 부모로서 해야 할 일은 그것이 어떤 의미가 있고, 성이란 무엇인지 솔직하게 알려줘야 할 선배로서의 의무가 있을 뿐이었다. 내가 어색해 할수록 아이들은 더 왜곡된 성의식을 가질 따름이다.

그리고 아들들이 이렇게 '성'에만 집중하다 '관계'를 놓칠 것만 같았다. '성관계'도 인격적인 관계 형성의 일부고, '성관계'의 핵심은 '관계'에 있는데도 말이다. 이런 면에서 아빠의 참여가 중요하다. 아빠는 아들과 같은 그 성장 과정을 경험한 가장 가까운 성인 남자이자, 엄마라는 다른 성과 일상적인 삶 속에서 인격적인 관계를 형성해 가고 있기 때문이다. 이 관계의 중심에 있는 서로 다른 두 성의 아빠와 엄마가 들려주는 진솔한 이야기가 절실한 것이다.

내 세대가 대부분 이런 교육을 받지 못했지만, 아이들에게는 그런 무식함을 되물림해선 곤란하다. 야동과 음란 사이트가 내 아들들에게 왜곡된 성의식을 심어주기 전에 건전한 성 지식이란 예방백신을 놓을 필요가 있다. 경험하지 못했던 것이니 시도하는 일에는 민망함을 견딜 엄청난 용기가 있어야 한다. 나와 다른 '성'이 다른 아들이 아름다운 성을 배우고 성장해가기를 누구보다 응원하는 엄마니까 용기를 낼 수 있다.

야동의 부정적인 영향 [21)]

성교육 전문 강사 구성애 씨는 아들에게 야동이 자신의 인생에 도움이 되는지를 먼저 판단해보는 기회를 줘야 한다고 말합니다. 그러기 위해 아들은 먼저 자신이 야동의 부정적인 영향을 받고 있는지를 스스로 관찰해봐야 한다고 주장합니다.

야동의 부정적 영향은 크게 중독성과 폭력성을 생각해볼 수 있다고 합니다. 먼저 야동은 볼수록 점점 더 쎈 강도를 원하게 되는 중독성의 문제가 있습니다. 그리고 그 사이 감각은 현실과 괴리되어 갈 수밖에 없습니다. 또한 성 욕구를 해소하기 위해 접한 야동은 성적인 자극을 넘어 본인도 모르게 폭력적인 성향으로 이끌어 가는 경향이 있습니다. 성 욕구 해소를 폭력적으로 해결하려는 경향은 남을 괴롭히면서 쾌감을 느끼는 현상으로 나타나기도 합니다.

그녀는 지나친 야동은 결혼 후에도 악영향을 미칠 수 있다고 말합니다. 서로 존중하는 인격적인 관계에서 성 에너지 사용법을 모르고, 성관계에서 '관계'는 빠지고 '성'에만 집중하게 되기 때문입니다. 예를 들어 음란물과 자위행위가 지속적으로 연결되었다면 결혼 후에도 부부관계보다 자위행위로 성 욕구를 해소하는 것이 더 편하다고 느끼게 되는 경우도 있습니다. 결혼 후에도 '관계'는 없고 '성'만 남게 되는 것입니다.

사실 많은 아들들이 성에 관한 지식을 야동을 통해 접하고 있는 현실입니다. 그런데 야동에는 성지식에서 가장 중요한 부분이 없습니다. 그것은 바로 피임과 임신 가능성입니다. 아들에게 가장 중요한 사실은 성관계는 임신 가능성을 전제로 하고, 그 결과에 대해서는 철저하게 책임져야 한다는 것입니다. 그런데 야동에는 임신 가능성이 없으니 책임감도 느낄 필요가 없습니다.

야동의 부정적인 면을 들여다보고 나니 더욱더 아들에게 야동은 절대 금물이 되어야 할 듯합니다. 그런데 아들에게 야동이 절대 접근 금지 대상이라고 외치고 화만 낸다고 야동과 멀어지는 건 아닐 수 있습니다. 그보다는 자신이 야동에 시간과 에너지를 빼앗기며 굴복당하고 종속되지 않아야 하며, 야동은 자신이 극복할 수 있는 대상이라는 자신감을 주어야 합니다.

그러기 위해서는 근본적으로 몸의 주인도, 정신의 주인도 모두 소중한 자기 자신이라는 인식이 있어야 합니다. 그리고 이 모든 과정에서 자기 삶의 주인이 자신이라는 가치를 알아가며 성장해갈 것입니다.

아들의 놀이,
"그럼 우리는 어디 가서 놀라는 거예요?"

• • • • • • • 하루는 막내가 학교를 마치고 집에 들어오자마자 씩씩거렸다.

"우리 학교 운동장에서 놀지 말래요! 축구도 하면 안 된다, 야구도 하면 안 된다. 다 안 된대요. 다칠 수 있대요. 그럼 우리는 어디 가서 놀라는 거예요?"

방과 후 학교 운동장에서 아이들이 놀다 크고 작은 부상을 당하자 아들 초등학교 교장선생님은 운동장에서 공놀이를 금지시켰다. 학교 측에서는 책임 문제가 있으니 운동장 사용 금지라는 가장 쉬운 선택지를 골랐다. 그렇게 축구 골대가 없어지고 정글짐도 사라졌다.

화나기는 둘째도 마찬가지였다. 학교에서 야구를 즐기던 필홍이와 친구들은 운동장에서 쫓겨나자 친구 집을 전전했다. 더 이상 집 안에 놀거리가 마땅치 않게 되자 아이들은 동네 골목과 공터에서 야구를 했다. 하지만 그때마다 동네 어른들의 항의를 들었다. "딴데 가서 놀아. 조용히 놀아야지." 이리저리 쫓겨다니다 동네 정자에서 친구들과 이야기하며 놀게 되었다. 그러자 할머니들로부터 "시끄러우니 비켜라. 너네는 딴 데 가서 놀아."라는 말을 또 들어야 했다.

둘째는 이 상황을 전하며 너무 속이 상하는지 열변을 토했다.

"그럼 우리는 어디 가서 놀라는 거예요? 운동장은 공놀이 하다 다칠 수 있다며 금지시키고, 정자는 할머니들이 시끄럽다고 저리 가라 하고, 동네에서 노는 것도 안 된다 하고. 도대체 어디 가서 놀라는 거예요? 결국 PC방이나 가라는 말로 밖에 안 들리네요."

우리가 사는 동네는 북악산 뒷자락과 북한산이 만나는 분지 같은 곳이다. 인근 4개의 행정동을 통틀어도 제대로 된 놀이터가 거의 없다. 운동장을 빼앗긴 아이들은 북악산에 들어가 놀기도 했지만 멧돼지와 들개의 잦은 출현에 그마저도 포기했다. 결국 이곳에서 남자 아이들이 갈 수 있는 곳은 필홍이 말처럼 PC방이 전부인 듯하다.

밖에서 땀 흘리며 원 없이 뛰어다니고 싶은 마음은 학교에서 만난 청소년기 남학생들도 마찬가지였다. 대부분의 남자 아이들은 "제일 재밌는 시간이 언제야?"라는 어른들의 질문에 "쉬는 시간이요!"라고 답한다. 어떤 교과목에 흥미가 있는지를 묻고자 했던 어른들은 웃으며 "학교에서 배우는 과목 중에 어떤 게 제일 좋아?"라며 다시 묻는다. 그러면 "체육 시간이요."라고 말한다.

지난 학기 내가 근무하는 중학교는 대대적 공사에 들어가느라 운동장이 폐쇄됐다. 이후 없어진 운동장이 얼마나 남자 아이들에게 소중한 존재인지 알게 됐다. 쉬는 시간마다 운동장을 뛰어다니던 남학생들이었다. 갈 곳이 없어지자 복도를 뛰어다니며 그 넘치는 에너지를 주체하지 못했다. 결국 방학을 며칠 앞두고 학교의 강철 방화문이 망가지는 일도 발생했다. 보통 힘으로는 손상되기 힘든 문이 갇혀서 놀지 못한 사내아이들의 넘치는 힘에 파손되고 말았다.

공사가 마무리되고 운동장이 개방됐다. 스물두 명이 공 하나에 목숨 걸듯 뛰어다니는 축구. 약 7,000제곱미터 안에서 공을 사냥하듯 거칠게 달리는 이 운동을 보노라면 남자들의 원초적인 에너지가 그대로 전달되는 듯하다.

축구를 모르는 엄마가 보기에는 공을 그냥 뻥뻥 질러대는 것처럼 보인다. 허나 그 안에는 엄격한 규칙이 있고 전술이 있으며, 온갖 군상의 애환과 욕망이 스며들어 있다. 즉, 축구 하나를 통해서도 아들들은 삶의 많은 부분을 배우고 있었다. 남자의 삶을 몰랐던 여자였을 때 이해할 수 없었던 것이 아들 엄마가 되자 눈에 들어온다.

학교 체육관, 운동장에서 땀 흘리며 열정적으로 뛰는 남학생들의 모습을 보고 있으면 절로 엄마 미소가 지어진다. 수업 시간 무기력했던 모습과 달리 넘치는 생명력을 느낄 수 있기 때문이다. 놀

곳과 놀 시간은 점점 없어지고, 조용히 할 것을 강요하는 사회 속에서 점점 그늘져가던 남자 아이들이 되살아나는 시간이다. 그렇게 놀이는 아들들을 남자 본연의 모습으로 성장시키는 자양분이 되었다.

아들의 놀이

'모든 어린이는 충분히 쉬고 놀 권리가 있습니다.'(유엔아동권리협약 31조) 유엔아동권리위원회에서는 우리나라 아동의 '놀 권리'가 침해받고 있다며 우려를 표합니다. 2018년 조사 결과[22]에 따르면 우리나라 남자 초중고생들의 여가 시간이 그리 많지 않음을 알 수 있습니다.

남자 청소년 평일 여가시간

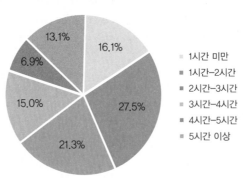

- 1시간 미만 16.1%
- 1시간-2시간 27.5%
- 2시간-3시간 21.3%
- 3시간-4시간 15.0%
- 4시간-5시간 6.9%
- 5시간 이상 13.1%

그러니 유니세프한국위원회에서는 '나가서 놀자!' 캠페인을 펼칠 정도입니다. 최근에는 동네 놀이터에 대한 연구가 진행됐습니다.[23] 연구 결과를 통해 '아이들이 뛰놀며 자라기 좋은 동네'라는 뜻의 '놀세권'이 역세권, 학세권보다 더 중요하다고 설명합니다. 왜 이렇게도 놀이가 중요할까요?

'놀이는 본능이다'라고 말할 만큼 놀이는 아동의 발달에 절대적인 힘을 갖고 있기 때문입니다. 세계 최초로 놀이를 과학적으로 연구하기 위해 설립된 케임브리지 대학교 놀이발달연구소에서는 놀이가 다양한 인간 발달의 중심적 역할을 한다고 설명합니다.

인간의 성장과 뇌 발달은 모두 놀이에 의해 이뤄진다고 합니다. 놀이를 통해 다양한 감정을 느끼고 교류하는 방법을 배우고, 상상놀이를 통해 창의력이 발달합니다. 또한 목표 세우기, 실행하기, 의사소통능력, 문제해결능력 등이 모두 놀이를 통해 키워지고 이 모든 과정에서 아이의 뇌가 건강하게 자라납니다.[24]

아동 놀이의 성별 차이를 연구한 결과[25]에 따르면, 남자 아이의 놀이는 여자 아이들과 다소 다르다고 합니다. 남자 아이들은 건물 밖에서 노는 시간이 더 많고, 집단놀이를 더 많이 하며 좀 더 경쟁적인 놀이를 주로 합니다. 또한 놀이 시간 자체도 더 깁니다. 다른 연령과의 놀이에서 남자 아이들은 좀 더 다양한 연령의 아이들과 놀고, 이때 자신보다 나이가 더 많은 남자 아이에게 자신을 맞추는 경향이 있습니다.

반대로 여자 아이들은 자신보다 어린 아이의 수준에 맞춰주며 노는 모습을 보입니다. 그리고 여자 아이들은 남자 아이들의 놀이도 잘하는 경우가 많지만, 남자 아이들이 여자 아이들의 놀이를 잘하는 경우는 많지 않습니다.

최근 초중고 학생들의 놀이 및 여가에 대한 국내 연구 결과[26]에서는 남자 아이들은 여자 아이들보다 사교에는 시간을 덜 썼고, 야외활동 시간에는 더 많은 시간을 보내는 것으로 확인되었습니다. 그리고 남자 아이들은 카페나 도서관보다는 운동장과 PC방에서 더 많이 놀고 있었습니다. 남자 아이들의 주요 놀이 공간이 운동장과 PC방인 셈입니다. 남학생들의 놀이 특성을 살리고 건강한 발달에도 도움될 수 있는 놀이 공간에 대한 고민이 필요합니다.

아들의 게임,
PC방에서만 영롱하게 빛나는 눈빛

• • • • • • 중학교 입학 후 첫째에게 PC방은 방과 후 필수과정
이 되었다. 초딩 때는 가지 않았던 PC방, 중딩이 되자 시작하더니
필수 코스처럼 열심히도 다녔다. 주 2회라는 약속은 있었지만, 필
립이는 '뭐 내 알바야'라는 느낌으로 쉽게 어겼다. 몰래 다니다 보
니 자연스럽게 거짓말하는 일이 많아졌다. 말도 안 되는 어설픈
핑계로 티 나는 거짓말을 당당하게 하는 모습이 아주 얄미웠다.
나에게 PC방은 철천지 '웬수'였다. 아이도, 나와의 관계도 망치는
그런 곳.

어느 날 첫째가 연락이 되지 않았다. 아이의 행방을 알 만한 친
구에게 연락해도 알 수가 없었다. 퇴근길에 아이가 다니는 PC방에
들렀다. 아이는 없었다. 그런데 다행이었다. 아이가 좀 전에 다녀간
흔적을 발견할 수 있었기 때문이다. PC방은 회원제이고 아이가 포

인트를 적립해서 사용하는 시스템이니 아이가 한 시간 전에 포인트를 사용한 기록이 남아 있었다. 그때 나에게 처음 든 생각은 '아 다행이다. 그래도 여기 있었네.'였다. 쿨내 나는 엄마인 척 하고 싶은 마음과 이걸 빌미로 아이와 약간의 협상을 할 생각으로 포인트를 만 원 적립해줬다.

아이의 행방을 확인한 후 약간의 여유가 생기고 나니 PC방 구석구석이 눈에 들어왔다. 무엇보다 PC방에 앉아 있는 남자 아이들의 모습이 내 눈을 사로잡았다. 말 그대로 엄청난 충격을 받았다. 난 지금까지 그 어디에서도 10대 남자 아이들의 그리도 영롱한 눈빛을 본 적이 없었다. 거리에서도, 학교에서도, 집에서도 그 어디에서도 볼 수 없었던 눈빛. 그것은 목표물을 향해 전력질주하는 전사의 눈매였다. 레이저를 쏠 듯한 시선은 모니터를 뚫고 들어가 온라인 전장에서 직접 뛰며 싸우는 듯했다. 적어도 그 순간에는 자신들은 전설을 만들어가는 위대한 전사였다.

아이들의 모습을 보고 있노라니 게임은 남자 아이들과 합이 너무 좋다는 생각이 들었다. 달성 가능한 구체적인 단계적 목표 설정, 목표를 이루기 위해 직접 다룰 수 있는 다양한 전략들, 작전이 성공했을 때의 보상, 그리고 지위 상승, 못하더라도 괜찮다는 응원의 메시지까지. 적어도 게임에서 아들들은 실패를 두려워하지 않는 영웅이었다.

또 어떤 게임에서는 이름만 들어도 설레는 유명한 축구선수들을 트레이드하는 구단주가 되기도 하고, 필드에서 전략을 설계하는 감독도 될 수 있다. 축구 경기를 보며 '아, 이래야지, 저래야지'라며 말 많은 남자들을 생각해보면, 경기뿐 아니라 구단 운영까지 모두 컨트롤할 수 있는 게임의 세계는 너무 매력적일 수밖에 없다.

웬수 같아 보이던 PC방이 다르게 보였다. 현실에서 제대로 하는 게 없고 마음 둘 데가 없을수록 온라인 게임에 빠질 수밖에 없겠구나 싶었다. 실제로 이 시기 우리 부부는 필립이를 여유 있게 받아주지 못했다. 집에서도 늘 혼나며 코너에 몰리고, 학교에서도 인정받지 못하는 상태였다. 필립이에게 게임은 이런 척박한 현실 도피처가되었으리라. 둘러보면 우리 사회에 남자 아이들이 갈 만한 곳이 참 없다. 마음 허전한 아들들이 맘 편하게 있을 곳은 여기뿐이다.

PC방은 남자 아이들의 우정이 자라는 곳이기도 했다.(여자인 나는 여전히 왜 놀러 간다면서 같이 PC방에 가서 각자 게임을 하고 있는지 도통 이해할 수가 없다.) 필립이가 3학년에 올라가면서 같은 반에 친한 아이가 한 명도 없는 일이 생겼다. 이런 문제로 힘들어하던 필립이가 어느 날 진지하게 이렇게 말했다.

"엄마, 저 PC방 하루만 더 가면 안 될까요? 들어봐요. 저 진지한데요. 제가 지금 반에 혼자잖아요. 그래서 예전에 다니던 애들이랑 밥을 먹어야 돼요. 그러니까 그나마 애들하고 관계를 유지하려면 PC방을 다녀야 해요. 제가 그냥 PC방을 다니고 싶어서 그러는 게 아니에요."

너무나 진지한 필립이의 이야기에 웃을 순 없었지만, 마음속으로 꾹 참고 "그래, 그럼 한 번 더 다니는 걸로 해. 그런데 이거 하나는 지켜줘. 거짓말은 안 돼. 그럼 자꾸 의심하게 되니까. 그러면 속상하니까. 거짓말은 하지 마. 알았지?" 이제 필립이에게 PC방은 '친구 사귀기' 위해 가는 곳이 되었으니 의심의 눈초리를 거두고 흔쾌히 허락했다.

난 이제 PC방과 화해했다. 게임과도 화해했다. 첫째를 따라 PC방에 가서 게임도 해보고, 게임 상영관에 가서 현장에서 게임 관람도 해봤다. 게임은 그리 나쁜 것만은 아니었다. 그곳은 게임을 '즐기는' 곳이었다. 게임하고 있는 아들들의 모습을 보면서 게임중독되면 어떡하지라는 걱정이 앞섰었다. 그래서 지나치게 규제했다.

돌이켜보니 아이는 친구 집에서, 할머니 집에서 알아서 다 하고 있었다. 오히려 몰래 하느라 아이의 죄책감만 키우고 아이를 거짓말쟁이로 만들고 있었다. 숨어서 하다 보면 '즐기는' 대상이란 의미보다는 더 집착하는 대상이 됨을 알았다.

게임은 잘못이 없다. 게임보다는 게임 외에는 재밌는 게 없고 마음 기댈 데가 없는 상황이 더 문제라는 생각이 든다. 어떻게 하면 PC방을 몰래 한 번 더 갈까 생각뿐이었던 시기의 첫째의 모습을 떠올려보니 마음 둘 데 없던 모습에 한편으론 안쓰러움이 느껴진다.

첫째는 여전히 게임을 한다. 심지어 게임에 집중하기 위해 고카페인 음료를 먹어야겠다고 다짐할 정도다. 시험 기간 집에서 공부하다 친구의 고카페인 음료를 한 입만 먹어보자 했다. 열공하려고 그러나 했는데, "아, 시험 끝나고 이거 먹고 게임해야겠다. 오랜만에 해서 집중력 떨어질 수 있으니까."라며 해맑게 다짐하는 아이 모습에 빵 터졌다. 그래도 이제는 시험 기간이라며 엄마에게 컴퓨터 비번을 걸어달라고 셀프 잠금을 요청한다. 게임에 지배당하지 않고 게임을 통제하려는 아이의 변화를 본다.

게임하는 아들을 보며 '게임'이 아닌 '아들'을 본다. 게임 자체에 대한 증오와 두려움으로 게임을 단죄하기보다는 아들이 왜 빠져들었는지, 왜 엄마의 말에도 STOP이 안 되는지 그 '아들'의 마음을 알아간다. 아직은 PC에서 게임할 때만 반짝거리는 그 눈이 언젠가는 나와 세상을 향해 영롱하게 빛나리라 확신하며.

아들의 게임중독

2018년 세계보건기구(WHO)에서 질병코드를 부여할지 논의했다는 사실만으로도 게임중독이 얼마나 심각한 문제인지 알 수 있습니다. 한편 최근 여성가족부는 초4, 중1, 고1, 총128만 6,567명을 대상으로 실시한 〈2019 청소년 인터넷·스마트폰 이용습관 진단조사〉 결과를 발표했습니다. 그 결과 전체 학생의 약 16%에 해당하는 20만 6,102명의 학생이 과의존 위험군에 해당되었습니다.[27] 실제로 10대 청소년 대부분이 게임을 위해 인터넷과 스마트폰을 이용하고 있다는 점[28)]에서 주목할 만한 결과입니다.

그렇다면 아들을 게임중독의 위험성에서 벗어나게 하려면 어떻게 해야 할까요? 해결책의 실마리는 원인에서 찾을 수 있습니다. 한 전문가는 부모의 지나친 규제로 아이의 욕구가 억제되었을 때 오히려 아이는 중독될 가능성이 높아진다고 합니다.

왜냐하면 자신의 욕구가 채워지지 않은 상태에서 부모의 개입으로 중단되었을 때 채워지지 않은 욕구가 그 크기 자체를 확대시키기 때문입니다. 역으로 2주간 전적으로 마음껏 사용하도록 허용하는 기회를 주는 방법을 제안했습니다. 처음에는 점점 더 많은 시간을 하게 되지만, 욕구가 최대치에 다다른 이후에는 오히려 그 욕구가 줄어드는 효과를 볼 수 있다고 합니다. 즉, 스스로 욕구를 충분히 채운 후에는 더 이상 집착하지 않으며 그 시간은 자신의 욕구를 조절하는 훈련의 기회가 된다고 주장합니다.

그런데 스마트폰의 경우 폰에 설정되어 있는 다양한 알림 기능이 스마트폰을 만질 수밖에 없도록 자극하는 기제가 됩니다. 이런 면에서 스마트폰의 알림 기능을 끄거나 스마트폰보다는 PC를 이용하는 편이 중독의 위험성을 조금은 더 낮출 수 있다고 조언하였습니다.[29)]

그러나 이러한 가정에서의 노력으로 해결할 수 없는 수준이라면, 전문기관으로부터의 도움을 생각해볼 수 있습니다. 예를 들어 한국청소년

상담복지개발원(www.kyci.or.kr), 각 시도 청소년상담복지센터, 게임문화재단(www.gameculture.or.kr)에서는 게임중독과 관련한 상담, 병원 치료, 프로그램 치유 등을 지원합니다.

특히 국립청소년인터넷드림마을(http://nyid.kyci.or.kr)에서는 인터넷스마트폰 과의존 청소년을 대상으로 좀 더 체계적이고 심화된 프로그램을 11박 12일 기숙형으로 운영하고 있습니다.

아들의 감정, 엄마의 눈물

· · · · · · 그날도 첫째와 둘째가 싸우고 있었다. 내가 막 집에 들어가니까 둘째는 "형이 막 말도 안 되는 소리하고 자기 맘대로 하잖아요." 첫째는 "뭐래. 너가 먼저 시비 털었잖아. 진짜 자꾸 까불래? 아 진짜 엄마 나 얘 진짜 딱 한 번만 패주면 안 돼요? 참으려니까 너무 힘든데요. 아 진짜…."

집안은 엉망진창이었다. 가방과 옷은 아이들의 움직임을 따라 하나씩 바닥에 늘어져 있었다. 나는 너무 화가 나서 가방을 소파에 던지고 아이들을 불러 세웠다.

그러다 어느 순간 이런 생각이 떠올랐다.

'맞아. 나는 늘 화를 냈어. 그런데 아이들은 전혀 달라지지 않았어. 방법을 바꿔볼까?'

그 순간, 엄마의 속상해하는 작은 표정 하나에도 마음이 움직이던 나의 어린 시절이 떠올랐다. 8살이었다. 바다로 논밭으로 일하러 가시기 바쁜 엄마아빠는 늘 집에 안 계셨고, 그날도 혼자 집에 있었다. 그런데 뭔가 먹고 싶었다. 너무나도. 책상 위에 있던 100원짜리 동전 하나가 눈에 들어왔다. 동전을 들고 구판장으로 향했고 달콤한 캐러멜 맛을 즐기고 있었다. 다른 날보다 조금 일찍 들어오신 엄마는 어디서 난 돈으로 사 먹었냐고 다그치셨다. 그때 엄마는 속상하고 화난 마음에 나를 처음으로 엄청나게 때리셨다.

그런데 마음속에 기억나는 것은 엄마의 매보다 때리실 때 엄마 눈에 맺힌 눈물이었다. 근심 가득한 표정과 엄마의 눈물은 마음 깊이 내리꽂혔고, 내 행동이 정말 잘못되었음을 깨닫게 됐다. 엄마가 그렇게도 속상해하시다니…. 정말 다시는 그러지 말아야지. 엄마의 그 표정과 눈물은 지금도 늘 나를 바르게 세우는 하나의 지표가 되었었다. 그렇게 엄마의 눈물을 보면서 마음을 다잡았다. '그래, 아이들에게도 한번 해보자. 내 피를 이어받은 아들들이니 눈물을 보이면 아이들 마음도 움직일 거야.'

전략을 바꾸었다. '화를 내는 대신 속상함을 적극적으로 말하고 눈물을 보이자. 그러면 아이들이 감동해서 다시는 싸우지 않겠다고 마음을 다잡을 거야.' 나는 눈물 연기에 들어가기 위해 일단 힘없는 목소리로 말했다.

"정말 실망했어…. 너희를 좋아하는 사람을 그리도 실망하게 하면 안 되는 거 아니니? 너희가 자꾸 싸우니까 나는 정말 속상해. 정말 너무너무 속상해. 형제가 서로 양보하고 그래야지, 형이 형답지 못하고, 동생이 동생답지 못하고 내가 너희를 그렇게 가르쳤어? 엄마가 정말 잘못 가르친 거 같아. 엄마가 잘못한 거 같아."

처음엔 연기로 시작했지만 여러 감정이 뒤섞이며 가슴이 북받쳐서 진짜로 눈물이 났다. 흉내 내는 게 아니라, 진짜 내 엄마처럼 울고 있었다. 그러면서도 한편으로는 아이들의 얼굴을 살폈다. 그러면서 상상했다. 아이들이 내게 다가와 나를 안는 그런 그림, 이 일을 기회로 마치 새 사람이 될 듯한 각오를 다지는 그런 그림을 떠올렸다. 그때의 나라면, 아니 나의 시나리오대로라면, 지금쯤이면 휴지를 들고 와 엄마에게 건네며 "엄마 저희가 잘못했어요. 다시는 안 그럴게요."라고 펑펑 울며 안길 것이다. 그리고 길이길이 엄마의 눈물을 가슴에 새기며 싸우지 않고 의좋은 형제로, 자기 일도 잘하는 멋진 아들로 거듭나겠다고 다짐할 것이다.

그러나 웬걸. '엄마 왜 저러지?' '나보고 어쩌라는 거지?' '사람 마음 불안해지게 왜 저러지?' 하는 멀뚱멀뚱한 표정을 하는 게 아닌가? 이럴 수가!

당혹스러움과 동시에 민망하기 그지없었다. 이 꼬맹이들 앞에서 지금 뭘 한 거지? 아 이 상황을 어찌 수습하지? 내 시나리오대로라면 필립이가 휴지를 건네주어야 했건만, 난 휴지를 '직접' 가져와 스스로 눈물을 닦고 있었다.

그리고 아들들에게 말했다. "이럴 땐 최소한 이렇게 휴지를 건네주는 거야." 눈물 연기는 수포로 돌아갔고. 아이들은 그 상황에서도 너 때문에 엄마가 울어서 분위기가 싸해졌다는 둥, 내가 뭘 잘못했냐는 둥 한참을 투닥거렸다.

왜 이 아들들은, 아니 남편까지 우리 집 남자들은 나와 이렇게 다른 걸까? 이때 한 가지 떠오른 장면이 있었다. 몇 년 전 EBS 다큐 프로그램에서 남녀 공감 능력의 차이를 실험한 내용이었다. 24개월 된 여자 아이들은 엄마의 아파 하는 모습에 울음을 터트리며 함께 울었지만, 남자 아이들은 멀뚱멀뚱 쳐다만 보거나 자기 하던 일만 하던 그 장면.

엄마의 눈물 앞에서도 멀뚱멀뚱한 삼형제의 모습이 바로 그 장면 속에 있었다. 심지어 화면 속 어떤 아들들은 손으로 얼굴을 감싸고 엉엉 우는 엄마의 손을 거두고 피식 웃기까지 했다.

사실 남자와 여자의 공감 능력이 서로 다르다는 연구 결과도 있다. 심리학자 바론 코헨(Baron-Cohen)은 남자 아이와 여자 아이는 공감 능력이 다르다는 점을 밝혔다. 그 차이는 성장하면서 조금씩 달라질 수도 있지만, 근본적인 차이로 만 3세부터 나타난다고 한다. 심지어 갓난아이들 사이에서도 남자 아이들은 사람의 얼굴보다는 움직임에 더 민감하게 반응했다.

그랬다. 나의 눈물 연기가 실패한 원인은 공감 능력이 서로 다르기 때문이었다. 나의 얼굴, 표정에 집중하고 뭔가를 느끼기 힘든 그런 아들이었기 때문인 것이다. 그런데 이상한 게 있다. 나는 둘째와 셋째가 싸우면 심한 두통 연기를 했다. "아, 머리 아파…." 그러면 첫째는 "엄마 침대에 가서 누우세요, 제가 얘네들 못 싸우게 할게요."라고 했다. 이렇게 나의 어려움을 호소하기는 마찬가지인데 눈물 연기와 두통 연기의 성패는 어디에 달렸을까?

그러고 보니 남편도 마찬가지다. 나의 눈물 앞에선 어쩔 줄 몰라하는 표정을 지으며 휴지를 건넨다는 게 아이들보다 조금 나을 뿐, 행동이 바뀌지 않는다는 것은 세 아들과 똑같다. 자신이 그 눈물을 해결하기 위해 어떤 행동을 할지 궁리한다. 그러면서 여러 가지를 묻는다. 내가 이렇게 하면 괜찮겠는지, 저렇게 하면 괜찮겠는지. 눈물을 멈출 방법이 당장 일어나 뭔가를 '하는' 행동에 있다고 생각하는 것 같다.

아하, 그 차이는 아들이 자신이 무엇을 해야 할지 '구체적인 행동'을 아느냐 모르냐에 있었다. 엄마의 눈물 앞에서는 뭘 어찌해야할지 몰라 휴지 한 장 건넬 생각을 못 하지만, 엄마의 두통 앞에서는 적어도 자신이 할 수 있는 동생들 싸움 말리기라는 구체적인 행동을 알기 때문이었다.

그래 어쩌면 아들들은 내 눈물을 닦아주고 마음에 공감하지는 못하지만, 적어도 자신이 할 수 있는 일을 찾고 그 일을 함으로써 엄마에 대한 자신의 사랑을 표현한 거 아닐까? 껴안고 펑펑 함께 울어줄 딸은 없지만, 자신이 할 만한 일을 찾아 엄마를 돕기 위해 묵묵히 '행동'하는 그 투박한 아들의 사랑에 엄마는 눈물 연기가 아닌 진짜 눈물을 '혼자' 흘린다.

아들의 성장에서 공감하기는 왜 중요할까?

자폐연구 전문가인 심리학자 바론 코헨[30]은 상대방의 생각 및 정서에 적절하게 반응하는 동기, 능력을 '공감하기'로 정의했습니다. 남자 아이와 여자 아이는 공감하기 능력이 다른 것으로 밝혀졌습니다. 특히 공감하기는 또래 관계에서 중요한 능력입니다. 또래 관계의 인기 집단에서는 공감하기 능력이 더 크고 거부 집단에서는 공감하기보다는 체계화하기가 더 크게 나타나기 때문입니다.[31] 또한 공감 능력은 청소년의 불안정 애착으로 인한 비행 가능성을 줄여주기도 하고,[32] 초등학생의 학교 적응도 도와줍니다.[33]

이렇게 아들의 성장기에도 공감하기는 중요할 뿐 아니라 아들의 미래에는 더욱 중요해집니다. 4차 산업혁명 시대, 변호사, 의사, 교수와 같은 전문직도 AI로 대체될 수 있는 미래 사회에서도 인간의 공감 능력은 대체 불가능합니다. 우리 아들들의 미래에 공감 능력은 꼭 챙겨야 할 필수템입니다.

아들의 감정,
일단 좀 달래주세요!

• • • • • • 작은 형이랑 말다툼을 하던 막내는 화를 내다 실수로 '안 좋은 말'을 내뱉었다. "주필원, 너 방금 뭐라고 했어! 그렇게 안 좋은 말 하면 돼? 안 돼?" 말버릇을 고쳐야 한다는 생각에 셋째를 불러 다그치기 시작했다. "아니 필홍이 형이 막 약 올리잖아요, 사람 열 받게 하잖아요. 그러니까 어쩔 수 없이 그런 거죠."

막내는 눈물까지 글썽이며 어쩔 수 없었음을 호소한다. "아무리 그래도 그런 말을 하는 순간 네가 훨씬 나쁜 사람이 될 수 있어. 일단 말은 좋게 해야 해." 하지만 억울한 마음이 컸던 필원이는 진지한 훈계를 들을 턱이 없었다.

밖에서 뒹굴거리던 필립이가 다가왔다. "엄마 잠깐만요, 필원이 일단 좀 달래주세요. 필원이가 잘못한 건 맞는데요, 그래도 억울한 게 크니까 어차피 지금 말해도 안 들려요. 저도 겪어봐서 아는데요.

이럴 때는 일단 좀 달래주는 게 좋아요."

사실 말을 함부로 한 셋째 행동의 지적에서 시작됐지만, 이미 난 쉽게 수긍하지 않는 셋째에게 감정적으로 화가 나 있었다. 그때 첫째가 해준 말에 스스로를 돌아보게 됐다. 그리고 내 감정은 누그러 트리고 필원이의 감정을 보게 됐다.

"필원아, 형이 막 약 올리고 그래서 화가 나서 사실은 더 심한 말도 하고 싶었지? 그런데 엄마가 형 잘못에 대해서는 말도 안 하고 너만 혼내서 더 속상했지?" 필립이의 말처럼 막내를 일단 좀 달랬다. 막내 는 마음이 풀렸다. 그 후에야 엄마의 '훈계'를 듣기 시작했다.

이렇게 둘째와 셋째의 작은 갈등으로 시작된 막내의 격한 감정 은 진정됐다. 그러나 하루가 멀다하고 둘째와 셋째는 싸웠다. 진정 될 기세가 없는 싸움의 한 복판, 큰형이 조용히 나섰다. "필홍아, 너 이리 들어와 봐."라며 방으로 필홍이를 따로 불렀다. 필홍이에게 상황에 대한 설명을 들은 후 둘째 마음을 살짝 달랜 후 잘못을 지 적했다. 다음으로 필원이를 따로 불렀다. 씩씩거리던 필원이를 달 래고 형에게 사과하게 했다. 가만히 듣고 있자니 필립이는 동생들 의 분쟁에서 꽤 능력 있는 중재자였다.

사실 첫째는 남의 감정에 무딘 아이였다. 표현할 줄도 잘 몰랐다. 그런데 그 아이가 동생들의 마음을 읽고 해결책까지 제시했다는 점이 놀라웠다. 그리고 보니 필립이의 감정 표현, 공감 능력이 커가 고 있었다. 엄마와의 관계에서도 그랬다.

게임을 하고 있는 아이에게 "방은 치웠어? 게임은 지금 몇 시간째야? 숙제는 했어? 씻고 아토피 약은 발랐어?" 등 2가지 이상을 말하는 순간 고요한 아들의 마음에는 심한 풍랑이 인다. 남자 아이들이 가장 싫어하는 것 중 하나는 동시에 두 가지 이상을 말하는 것이었다.

그때마다 격하고 띠꺼운 반응이 나왔다. "아 진짜, 그만 말하면 안 돼요?" 그 말투와 표정은 내게 큰 상처가 된다. 그럼에도 계속 말을 이어가다 보면 더 삐딱선을 탈 뿐이다. 그래서 말을 멈추고 속앓이를 할 때가 많다. 그럼에도 내 감정을 가라앉히고 시간이 좀 지나길 기다린다.

아이 기분이 좀 괜찮아 보인다 싶을 때 "필립아, 아무리 아이라도 네가 그런 말투로 말하면 엄마도 상처 받아."라며 솔직한 감정을 상세하게 설명한다. 그러면 아이는 "엄마 아까는 제가 죄송했어요. 그런데 동시에 두 가지 이상 말하면 갑자기 막 짜증이 나요."라고 쭈뼛쭈뼛 사과하면서 자신이 격하게 감정적이었던 원인을 정확하게 표현했다.

아이들에게 말하다 보면 나도 모르게 지나치게 감정적인 반응을 할 때가 많다. 얼마나 심했으면 때로 필립이는 "엄마 오늘 그 날이에요?"라고 물을 때도 있었다. 모든 관계에서 일관적이지 않은 갑작스러운 감정적 반응은 상대방을 힘들게 한다. 언젠가부터 이런 엄마에게 필립이가 말한다. "엄마 지금 더 말하면 내가 엄마에게 안 좋은 말투로 말하게 되고 화낼 것 같으니까, 지금은 그만 말해요."라며 감정적으로 격해질 상황을 전환시킨다.

어른이지만 나는 아이들에게 잘못한 부분이 있을 때는 언제든 미안하다고 말했다. 구체적으로 어떤 점이 미안한지, 화가 난 이유, 아이들이 어떻게 해줬으면 좋겠는지 등을 말했다. 때로는 나도 이렇게 미안하다 하는데도 자신의 잘못된 태도에 사과할 줄 모르는 아이의 모습에 속상하기도 했다. 아이의 너무나도 거친 감정 표현에 모욕감을 느끼기도 했다. 그리고 내 마음을 몰라주는 아이가 야속했다.

요사이 첫째는 "엄마 아까는 미안했어요", "잠시 멈춰요", "아까는 제가 이래서 그런 행동을 했어요.", "엄마의 어떤 행동에 저는 기분이 상할 수 있으니 그렇게는 하지 말아주세요."라고 자주 말한다. 자신의 잘못을 인정하고, 구체적으로 자기 감정을 표현하며 문제 해결을 시도한다. 어느새 아이는 자라 있었다. 아이는 서툴지만 감정의 소용돌이 속에서도 마음을 들여다보는 일을 조금씩 배우고 있었다.

주말인 오늘 신나게 게임을 하며 다리를 원 없이 떨고 있는 필립이. 비록 건들거리며 게임을 위해 학창시절을 보내는 것처럼 보이지만, 아들은 엄마와 대화가 통하는 남자이기도 하다. 마음 상한 사람을 위해 대화를 멈출 줄 알고, 자신의 감정을 상대방이 알아듣게 전달할 줄 아는 필립이. 언젠가는 자신의 진로를 위해 멈출 것이 무엇이고 치고 나갈 부분이 무엇인지 분명히 구별하리라 여긴다.

전에는 꼴 보기 싫었던 아들의 게임 중 다리떨기가 지금은 출발을 앞둔 경주마의 준비 동작처럼 보인다. 언젠가 세상을 향해 가열차게 달려 나갈 아이의 모습을 상상한다. 그때 자신의 감정을 돌아보며 다스리는 능력은 스스로를 지치지 않게 하는 마음의 체력이 되리라 생각한다. 그런 모습을 지켜보며 엄마도 아들 덕에 생겼던 마음의 멍들을 하나씩 달래며 웃을 날을 기대해본다.

사춘기 아들의 감정

흔히 남자 아이들은 딸보다 감정 표현력, 감정적인 대처 능력이 부족해 정서 지능이 낮다고 알려져 있습니다. 여러 가지 이유가 있겠지만, 엄마와 자녀 사이 관계를 생각해 봐도 차이가 보입니다. 엄마들은 아들보다는 딸과 정서적인 이야기를 더 편하게 나눕니다. 그래서 딸은 엄마와 이야기를 나눌 수 있는 영원한 친구라고도 합니다.

아이들의 놀이 장면을 살펴봅니다. 남자 아이들은 거친 신체 놀이에, 여자 아이들은 또래와의 협동, 조화를 중시하는 경향이 나타납니다.[34] 협동과 조화가 아닌 거친 신체 놀이 상황에서는 감정 표현이 서툴 수밖에 없습니다. 남자 아이들의 놀이에서는 감정을 드러내는 것이 패배로 이어지기 쉽기 때문이기도 합니다.

물론 남녀 사이에는 정서 지능을 담당하는 뇌 구조의 차이도 있습니다. 또 우리 사회의 유교적 문화 속에서 남자들은 암묵적으로 감정 표현의 기회가 제한되었을 수 있습니다. 결과적으로 우리의 아들들은 감정을 표현하는 데 서툴 수밖에 없고, 성 정체성이 나타나는 사춘기에 이러한 성별 차이는 더 크게 드러납니다.

실제로 초등학교 5, 6학년 학생들을 대상으로 조사한 결과에서 남학생들은 여학생보다 자신의 정서를 명확하게 인식하는 정도가 더 낮게 확인됩니다.[35] 또한 아들은 일반적으로 정서 지능도 딸보다 더 낮습니다. 그런데 엄마의 반응도 성별에 따라 차이가 있습니다. 엄마는 자녀가 부정적인 정서를 표현할 때 딸보다는 아들에게 비난이나 처벌적 반응을 하는 경향이 높습니다.

그런데 아들이 부정적인 정서 표현을 할 때 엄마가 공감하고 아이가 스스로 문제를 해결하도록 이끌어주면서 행동의 한계는 정해주는 감정 코칭 반응을 보인다면, 아이의 회복 탄력성이 높아져서 아들의 정서 지능이 향상될 수 있었습니다.[36]

아들의 사춘기

'정신없는' 아들, 그럼에도…

• • • • • • 출근 준비를 하며 삼형제의 등교 준비까지 돕는 아침 시간은 늘 분주하다. 식사 준비, 아이들 숙제, 준비물 챙기기 등으로 몸은 바쁘지만 내 멘탈은 흔들리지 않는다. 그러나 그 와중에 늘 어이없는 행동을 시전하며 내 멘탈을 테스트하는 이가 있다. 바로 정신없는 사춘기 큰아드님이다.

사춘기의 첫째가 아침마다 가장 많이 하는 말 중 하나는 "진짜 없어요!"다. "엄마 저 생활복 없어요", "엄마 저 티 어디 갔죠?"라는 짜증 섞인 물음에 "거기 있을 텐데…"라고 말하면 "아 진짜 없어요!"라는 대답이 돌아온다. 분명히 그 자리에 가만히 있던 물건이 왜 자꾸 첫째 눈에서만 '진짜' 없어져, 안 그래도 까칠한 중학교 남학생 심기를 건드리는 걸까?

그러나 내가 찾으러 나서면 십중팔구 그렇게도 '진짜' 없다던 그

물건들이 제 자리에 얌전히 있다. "여기 있잖아!" 하며 물건을 건네면 "어, 진짜 없었는데 왜 여기에 있지?"라고 말한다. 공손한 감사 표시도 없이 자기가 필요한 물건만 찾았으니 땡이라는 표정이다. 그렇게 내 멘탈은 깊은 한숨과 함께 살짝 흔들린다.

오랜만에 만난 친구들과 대화를 하다 보면 자연스레 아이들 이야기로 흐른다. 한 친구는 어이없는 지인 아들 이야기를 꺼냈다. 중학생 아들이 등교하는데 교복 조끼를 입고 있지 않았다. 엄마가 "너 조끼 안 입었잖아, 조끼 입어야지!"라고 하는데도 기어코 아이는 "저 조끼 입었어요. 진짜 입었어요!"라고 억울해 했다고 한다. 그래서 거울을 같이 보며 "봐, 너 조끼 안 입었잖아"했더니 그때서야 아이는 "어? 조끼 입었는데? 진짜 입었는데 어디 갔지?"라며 당황스러워했다. 그런데 자세히 보니 아이가 입었다고 우긴 조끼는 바로 아이의 셔츠 안에 있었다.

안 그래도 눈치 없고 주위에 큰 관심도 없으며 자기 물건, 할 일을 잘 챙기지 못하던 아들들이 사춘기가 되면 이 증세는 정말 심각해진다. 바로 눈앞에 있는 물건도 보지 못하고 '진짜 없어요' 기술을 시전한다. 애써 뭔가를 설명해주면 '진짜 못 들었어요'라는 응용 기술도 선보인다. 우기기에 관해서 이놈들은 '진짜' 기술자다.

학년 초 학부모 총회가 끝나면 참석하신 부모님들과 반에 모여 간단하게 이야기를 나누는 시간이 있다. 내 아이가 어렸을 때는 중학생 학부모님들이 대체로 나보다 훨씬 연장자시기도 하고 뭔가 한참 '어른'이란 생각에 약간 조심스럽기도 했다.

그런데 아이가 중학생이 되고 나니 자리에 앉으신 중학생 학부모님을 대하는 순간 동질감이 느껴졌다. 그리고 자연스럽게 나오는 첫마디는 "힘드시죠?"였다. 어머님들의 가장 큰 걱정 중 하나는 집에서 하는 정신없는 행동을 학교에서도 그대로 하지는 않을까 하는 것이었다. 어머님들이 말씀하시지 않아도 동병상련을 겪고 있는 나는 알 수 있었다. 씻고 옷을 제대로 벗어 놓지 않고, 방을 치우지도 않으며 심지어 제대로 씻지도 않고 머리는 떡이 져 있는 모습, 자기 할 일이 뭔지도 모르고 잘 챙기지도 못하면서 큰소리 뻥뻥 치고 까칠하게 말하는 그 모습의 아들들이 학교에서도 그러지 않을까 하는 근심 어린 눈빛을 읽을 수 있었다. 그래서 이렇게 말씀드렸다.

"어머님들, 아이들이 집에서 하던 대로 학교에서도 할까 봐 걱정되시죠? 저도 제 애가 집에서 하던 대로 학교에서도 한다고 생각하면 아휴… 한숨밖에 안 나와요. 그런데 어머님들 아이들이 학교에서까지 그러지는 않아요. 자기들도 학교에서는 나름 사회생활을 하느라 학급에서 맡은 일도 할 줄 알고, 다른 친구 눈치도 보며 자기 행동을 절제하고 친구와 어울리기 위해 말도 가려서 하고 노력하는 게 보이거든요."

어머님들이 웃으신다. 정신없는 사춘기 아들의 모습을 떠올리며 그래도 학교에서는 집에서와 다르다니 다행이라는 안도의 미소를 지으신다.

사실 아이들이 학교와 집에서 다르다는 점은 사회적 인간으로 잘 자라고 있음을 보여주는 중요한 지표이기도 하다. 왜 아이들은 학교에서와 달리 집에서는 그리도 '정신없는' 모습일까? 반대로 생각해보니 알게 됐다. 사실은 아이들이 학교에서 자기 도리를 지키며 정신 차리고 생활하기 위해 꽤나 애쓰고 있음을. 아침부터 오후까지 긴장 속에서 시간을 보내고 돌아온 아이들이 집에서는 긴장감이 풀리며 흐트러지다 보니 '정신없는' 모습일 수 있음을 깨달았다.

사춘기의 이성과 감성이 뒤엉킨 두뇌 상태일지언정 학교에서만큼은 나름 정신 차리고 긴장하며 보낸 아이들이 집으로 돌아온다. 긴장이 풀린 집에서는 누군가의 눈치를 보지 않아도 된다. 그러다 보니 엄마들이 익히 알고 있는 나사 풀려 '정신없는' 아이가 된다. 밖에서 지친 아이에게 집이 그래도 편한가보다 싶어 다행이다.

그래, 밖에서도 집에서도 긴장을 늦출 수 없어 늘 맘 졸이고 살아가야 한다면 마음 둘 데 없는 아이가 얼마나 힘들까. 집에서 마주하는 '정신없는' 사춘기 아들과 학교에서 만나는 '조금은 정신 든' 사춘기 남학생들 모습에서 크느라 애쓰는 성장통이 보인다. 그래서 '아이고 애쓴다' 하고 등 두드려주고 싶은 짠한 마음이 든다.

자기도 자신이 왜 그런지 모를 만큼 '정신없는' 시기를 보내고 있는 아들을 위해 속이 터지지만 조금은 더 마음을 내려놓고 기다린다. '정신없는' 그 아들이 자신이 쉴 곳은 집이라고 온몸으로 말하고 있기 때문이다.

사춘기 아들의 뇌 구조

사춘기 아들을 보고 있노라면, 아들의 행동을 도저히 이해할 수 없고 '쟤 머릿속에는 도대체 뭐가 있는 거야?!'라는 탄식이 절로 나옵니다. 남자 아이들의 이해할 수 없는 행동 중 대표적인 것은 말이 적고 공감 능력은 부족하며 쉽게 화내고 공격적인 거친 모습입니다. 그런데 이런 태도는 어디로부터 시작되었을까요? 바로 뇌입니다. 뇌, 아들의 머릿 속에 뭐가 들었는지 살펴보고자 합니다.

먼저 좌뇌와 우뇌를 연결하는 신경 집합인 뇌량이 남자 아이는 여자 아이보다 얇습니다. 더구나 언어 표현을 관장하는 좌뇌 발달도 뒤처집니 다. 그래서 남자 아이들은 말도 적고 정보전달력, 감정 표현, 공감 능력 도 떨어져 보입니다.[37]

그리고 편도체는 정서, 사회성 등과 밀접한 관련이 있는데 남자 아이들 이 여자 아이들보다 더 크다고 알려져 있습니다. 이 크기 차이는 테스토 스테론(testosterone)과 같은 남성호르몬과 관계가 있습니다.[38] 사 춘기가 되면 남성호르몬 수치도 증가합니다. 그래서 남자 아이들은 쉽 게 화내고 공격적이고 거칠게 보일 수 있습니다.

이렇게 남자 아이들의 독특한 행동양식은 뇌의 차이로 설명될 수 있습니다. 사실 임신 8주부터 발달하기 시작하는 뇌, 그때부터 호르몬은 아들의 뇌를 남성화시킵니다.[39] 그렇게 남자 아이와 여자 아이는 다르게 시작됩니다. 그리고 사춘기를 지나며 이런 뇌의 차이는 극대화됩니다. 왜냐하면 사춘기는 뇌가 리모델링되는 시기이기 때문입니다.[40]

내 뱃속에서 나왔지만 이해할 수 없는 행동을 할 때, 그 행동의 시작이 엄마인 나와는 다른 뇌 설계도에 있음을 생각합니다. 사춘기, 뇌의 리모델링 시기를 보내고 있는 아들을 긴 호흡으로 지켜봅니다.

띠꺼움의 시덜 그리고 지랄총량의 법틱

• • • • • • 태생이 까칠한 첫째, 중학생이 된 이후 중딩 특유의 '띠꺼운' 표정을 하고 있다. 표정도 봐주기 힘든데다, 괜히 짜증만 내서 좀 그만 하라니 자기가 언제 짜증냈냐며 오히려 화를 낸다. 정말 어이없고 '지랄 맞은' 상황이다.

학교에서도 늘상 보는 그 띠꺼운 표정을 집에서도 보려니 더 지쳤다. 어디에서도 들어보지 못한 버릇없는 말투, 눈빛에서 엄마에 대한 최소한의 예의도 없는 모습. 돼먹지 못한 인간이 될 것 같은 걱정과 잘못 키웠다는 자책감, 내 아이가 계속 이 모습이면 어떡하지 하는 두려움 등 뒤엉킨 감정의 실타래를 풀지 못한 채 지쳐갔다.

이때마다 '그래, 이 시간도 다 지나갈 거야. 내가 참자. 참자!' 하며 견뎌야 했다. 그런데 이런 인내의 순간에 떠오르는 생각이 있었다. '앗! 그런데 첫째가 끝날 때쯤 되면 둘째 시작, 둘째가 끝날 때

쯤 되면 셋째 시작…, 이건 뭐 릴레이 바통 터치도 아니고….' 삼형제가 타임라인에서 격동의 사춘기를 주고받는 모습이 떠올랐다. '이게 끝이 아니구나….'

슬픈 예감은 틀리지 않았다. 자기 말로 '정신이 반쯤 돌아왔다는' 첫째를 보고 안도하고 있는 이 타이밍에 첫째와 둘째의 바통 터치가 일어나고 있었다. 중학생이 된 둘째는 유독 짜증이 많아졌다. 어느 날 아무 일도 아닌 것에 짜증을 내고 있는 둘째를 향해 첫째가 말했다. "야 너 작작해라. 엄마 쟤 왜 저래요?" 이 말을 들은 둘째는 더 소리를 높이고 얼굴을 찡그리며 말한다. "형도 중학교 1학년 때 그랬잖아. 왜 나는 그러면 안 되는데? 형이 중학생 됐을 때는 엄마도 형이 중학생이니까 좀 이해하라고 하셨고, 그래서 나도 많이 참아줬거든. 근데 왜 나는 안 되는데?"

첫째는 둘째에게 '사춘기 특유의 띠거운 표정은 이렇게 짓는 거야', '짜증은 이렇게 내는 거야'라며 사춘기 '지랄'을 제대로 전수해준 듯했다. 이렇게 '보고 배운 게' 있어 업그레이드된 둘째의 '띠거움'이 시작되었다.

그런데 첫째가 내게 준 것이 하나 더 있었다. 그건 바로 '띠거움'에 대한 내성이었다. 그래서 난 필홍이가 업그레이드된 지랄맞음을 보여도 필립이 때 겪었던 예리한 아픔을 느끼지 않게 됐다. 필홍이의 '띠거움' 앞에서 난 마음속으로 이렇게 생각한다. '쟤는 제정신이 아니다. 쟤는 자기가 왜 그런지 모른다. 쟤는 지금 인간이 아니다. 좋은 놈은 잠시 어디 가고 없고 나쁜 놈, 이상한 놈이 우리 집에 온 거야.' 원래 인간은 기한이 정해진, 끝을 아는 고통은 더 잘 견딜 수 있다.

그런데 아직 끝이 아니다. 업그레이드된 둘째의 사춘기가 지나갈 때 즈음 셋째가 대기 중이다. 물론 아직 해맑은 초딩 막내를 보고 있으면, 셋째는 그만 컸으면 좋겠다는 생각이 들 때가 있다. 하지만 나의 바람과는 상관없이 이토록 예쁘고 귀여운 막내에게도 두 형들로부터 전수 받은 능력치로 강화된 '띠꺼움'을 발휘할 사춘기가 오겠지! 그래도 두렵지 않다. 아무것도 모른 채 날벼락 맞은 느낌 같았던 첫째의 시기도 지나갔고, '쟤는 지금 잠시 나쁜 놈'이란 생각을 떠올리며 견딜 수 있었던 둘째의 시기도 모두 지나간 후일 테니까. 막내의 사춘기도 만만찮겠지만 그만큼 엄마의 면역력도 강화될 테니 말이다.

사춘기 타임라인에 선 아들, 재밌는 이야기를 하며 킥킥대고 웃길래 심사가 좀 평안한가 싶어 말을 좀 건네면 갑자기 어떤 말이 거슬렸는지 급 정색을 한다. 무슨 말을 해도 듣는 둥 마는 둥 하다가도 이야기 주제가 자기 관심사면 급 화색을 띤다. 공손함, 예의, 배려라곤 전혀 기대할 수 없다. 또 표정은 정말 떠올리기도 싫을 만큼 '띠껍다.' 자기 할 일을 못하면서도 좀 챙겨주려고 말하면 '내가 알아서 다 해요'라며 잔소리한다고 질색한다.

자신이 하는 행동은 '제 맘이에요' 한마디로 다 괜찮은 거고, 엄마가 뭐 하나 말하면 '왜요? 왜 그래야 하는데요?'라며 날을 세운다. 이런 와중에도 자기 챙길 건 또 꼭 챙긴다. 어떤 남자 아이는 엄마가 방문 여는 것도 질색하더니 어느 날 글씨가 쓰인 종이 한 장을 엄마에게 건넸다고 한다. 거기엔 세 글자가 써져 있었다. '삼겹살.' 정말 어이가 없다. 이렇게 사춘기가 된 아들은 자기가 보고 싶은 것만 보고, 자기가 듣고 싶은 것만 듣고, 자기가 하고 싶은 것만 말한다.

그래도 참 다행인 점이 있다. 바로 이 사춘기의 '지랄 맞음'의 기한과 양이 유한하다는 점이다. 중학교 학부모 총회에서 담임 선생님들 사이에서 자주 거론되는 법칙이 있다. 바로 '지랄 맞은' 모습도 총량이 정해져 있다는 '지랄총량의 법칙'이다. 띠꺼운 중학생 아이들로 인해 상처받고 지친 학부모를 향한 위로의 메시지다.

어차피 한 인간이 평생 동안 하게 될 '지랄'의 총량이 정해져 있다면 다들 '지랄 맞은' 그 시기에 충분히 '지랄'을 떨고, 떨쳐버리고 가야 아이들이 더 건강하게 성장할 수 있다는 내용이다. 아들이 중학생 시기에 사춘기 없이 지나갔다고 좋아할 일이 아닐 수 있다.

실제로 최근에는 '중2' 시기가 한참 지났는데도 '지랄 맞은 중2' 같은 시기를 보내는 '대2병' 걸린 대학생도 많다. 대학을 지나 직장 생활을 하면서도 미처 떨어보지 못한 '지랄'로 방황하는 이들도 있다. 일생 동안 총량이 정해진 '지랄'을 고등학생이 되어, 성인이 되어 발산하는 것보다는 중학생 시기가 그나마 데미지가 작다.

인생 80년이 24시간이라고 했을 때, 사춘기는 새벽 4~5시에 해당한다. 잠에서 깨어나지도 못해 꿈에서 이리저리 뒤척거리는 시기. 몽롱한 잠기운에 몸을 움직이지만 정작 본인은 자신의 행동을 전혀 모른다. 엄마는 그저 아들이 잠에서 깨어나기만 바랄 뿐이다. 늦잠 자는 아이가 있을 뿐 일어나지 않는 아이는 없다. 꿈같은 사춘기를 지내고 대화가 가능한 그날이 오면, 격렬했던 그날의 '지랄'을 놀리는 날이 오겠지 한다.

아들의 사춘기. 내 아들의 성장에 꼭 필요한 풍파의 시기라면 엄마가 함께 맞아주리라. 어차피 다 지나갈 것을 알고 견디는 것은 그래도 해볼 만하다. 내 아들이 지금은 '나쁜 놈, 이상한 놈'이지만 이 시기를 잘 지나 '좋은 놈'으로 돌아오기를 기다린다.

지랄총량의 법칙과 중 2병

지랄: 마구 법석을 떨며 분별없이 하는 행동을 속되게 이르는 말

지랄총량의 법칙: 사람이 살면서 평생 해야 할 '지랄'의 총량은 정해져 있다.[41]

'지랄총량의 법칙'은 김두식 경북대학교 법학전문대학원 교수의 책《불편해도 괜찮아》에 소개된 말로 트렌드 지식사전에도 등록된 말입니다.

저자는 사춘기 아이 문제로 지인과 이야기를 나누는 중 다음과 같은 이야기를 듣게 되었습니다.

"모든 인간에게는 평생 쓰고 죽어야 하는 '지랄'의 총량이 정해져 있다. 어떤 사람은 그 지랄을 사춘기에 다 떨고, 어떤 사람은 나중에 늦바람이 나기도 하지만, 어쨌거나 죽기 전까진 반드시 그 양을 다 쓰게 되어 있다."

각 사람 안에 잠재된 총량은 다를 수 있지만, 모든 사람에게는 '지랄 맞은' 구석이 있습니다. 이 '지랄'은 사춘기에 집중적으로 발산됩니다. 이렇게 특정 시기에 집단적으로 나타나는 증세를 '중2병'이라는 단어로 부릅니다. 우스개로 '북한군도 우리나라 중2가 무서워서 못 내려온다'라는 말도 유행합니다. 사회적으로 '중2'는 누구도 대적 못할 엄청난 기운을 가진 존재로 여겨지기도 합니다.

그런데 다시 한번 내 태도를 돌아봅니다. '중2'들의 성장통을 바라보는 우리의 자세에 진지함은 없고, '아, 저 지랄 맞은, 중2병'이라고 치부해 버리는 가벼운 마음만 있는 건 아닌가 하는 생각을 해봅니다.

정신과 의사이자 대안학교 교육자인 김현수 선생님은 '중2병'이라는 말 뒤에는 아이들의 외로움이 있다고 말합니다. [42] '지랄총량의 법칙' 아래 '저라다 말겠지'라며 아이들의 '지랄'에 무뎌져서는 안 되는 이유입니다. 센 척 하지만 외롭고 힘들게 성장하는 과정 중인 우리의 '중2'에게 무딘 척 하지만 세심하고 따뜻한 지지가 필요합니다. 그래야 맘 놓고 '지랄'을 떨며 탄탄한 성인으로 성장해갈 수 있을 것입니다.

엄마,
아빠 진짜 왜 저래요?

●●●●●● 어느 날 막내가 휴대폰을 빨리 줘보라며 호들갑이다. 휴대폰을 받아든 필원이는 스마트폰 인공지능 기능 앱을 열어 '맛있는 음식' '포켓몬' '화날 때' 등 단어를 말하며 "엄마 그거 알아요? 이렇게 말하면 막 대답을 한다요!" 막내가 신나서 이런저런 말들을 입력해본다. "울적해"라고 말하면 "기분이 좋아지는 음악이나 영화를 추천해드릴까요?"라는 식의 답변이 들려왔다.

비록 아직은 부족한 부분이 많아 보이지만 적어도 문제 해결을 요청하는 질문인지, 마음의 위로를 원하는 요청인지는 구분하는 듯했다. 이렇게 사람의 감정에 맞는 답변을 할 줄 아는 스마트폰 기능이 신기했다. 그러다 떠오르는 사람이 있었다. 감정 반응 능력이 인공지능보다 못할 때가 많은 우리 집 남자들이었다.

이사를 가면서 휴대폰 요금을 할인받기 위해 같은 통신사 인터넷으로 바꾸게 되었다. 사용하다 보니 이전의 통신사보다 자주 끊기는 현상이 발생했다. 하지만 주로 검색이나 동영상 시청에 인터넷을 사용했기에 그냥 참고 넘어갈 수준이었다. 다만 게임을 하는 큰아드님에게는 심각한 오류가 생긴 것이다. 기지국과 주고받는 반응 속도가 이전보다 심각한 수준으로 느려져 게임을 즐기기가 어려운 상황이었다.

이사 후 일주일이 지나면서부터 필립이의 칭얼거림이 시작되었다. 수개월간 통신사에 연락해 지속적으로 AS 접수와 수리를 반복했지만 크게 개선되지 않았다. 통신사 사정상 당장에는 해결할 수 없다는 답변만 들었다. 기술적인 설명을 다 이해하기 어려웠지만, 통신사 변경에는 적잖은 위약금이 소요되는 상황이었다. 큰아들을 제외한 나머지 네 명은 그다지 불편할 일이 없었으니 그냥 그대로 쓰자는 분위기였지만, 필립이에게는 너무 싫은 일이 생긴 것이었다.

아들이 아빠에게 작정하고 통신사를 바꾸자고 이야기한다. 이전에도 수차례 말한 적이 있어서 AS를 접수했던 남편은 결국 폭발하고 말았다. 겨우 게임 따위 하려고 위약금 물어가면서 난리를 치는 것이 못마땅했던 터였다. 아빠가 쏘아대자 이내 불퉁한 입을 하고 내게 와서 "아빠 진짜 왜 저래요? 아니 아빠가 바꿔놓고서 잘 안돼서 말하는데 왜 아빠가 화를 내요? 아 진짜 아예 말을 하기가 싫어진다니까요."라며 투덜거린다.

사실 나도 기껏 게임하려고 인터넷 바꾸자고 불평하는 아이 모습이 못마땅했었다. 더구나 마음 한 켠에선 '내가 만만해서 그런가? 왜 아빠한테는 찍소리도 못하면서 나한테 난리야!'라는 마음도 들었다. 그러다 보니 답답한 마음으로 엄마에게 다가온 아이 앞에서 아빠를 두둔하고 나서는 실수를 하고 말았다.

아들은 폭발했다. "아니 엄마는 왜 아빠 편만 들어요? 쉴드를 치려고 해도 적당히 치세요." 내 감정에 치우친 나머지 줄타기에 실패한 것이다. 아들과 아빠 사이를 제대로 벌려놓았다.

생각해보면 이 모든 문제는 우리 집 남자들이 서로의 언어를 제대로 읽어내지 못하는 데서 시작되었다. 아들은 아빠에게 문제 해결을 요구했다. 하지만 감정이 실린 말투에 남편은 짜증이 났다. 게다가 남편은 아들의 발언을 통신사 문제를 제대로 해결하지 못한 능력의 문제로 받아들였다. 의심 받은 능력을 덮기 위해 공격적인 말투로 스스로 해결하라고 쏘아붙였다.

첫째는 문제를 해결하려다 되려 문제를 알아서 해결하라는 말도 안 되는 억울한 미션을 받고서 엄마에게 왔다. 아빠와의 사이에서 힘든데 나까지 감정 센서에 오류가 생겼다. 첫째의 언어를 제대로 읽어내지 못하다 보니 아빠의 입장만 두둔하고 말았다.

남자나 여자나 말을 할 때 문제의 해결 또는 감정의 위로라는 목적을 밝히지 않고 사용한다. 반면 말하는 사람의 의도를 정확히 구분하기 위해서는 듣는 사람의 센서가 좋아야 한다. 가끔 오류는 있지만, 여자인 나는 그나마 두 기능을 구분해서 들을 수 있었다. 하지만 남자들은 감정을 알아차리는 기능이 현저히 떨어진다. 마치 우리 집 인터넷 속도만큼이나 말이다. 대신 거의 모든 말을 문제 해결이라는 차원에서 접근한다. 기능이 한쪽으로만 발달하다 보니 감정이 상하는 대화를 하기 일쑤다.

아들과 아빠 사이. 엄마와 딸 만큼이나 친했으면 좋겠지만 듣고 해석하는 능력이 부족한 이 동성의 조합은 분쟁을 일으키기 딱 좋다. 주인의 언어를 구분해 반응하는 인공지능처럼 부자 사이의 언어에도 엄마의 해석 기능이 무척이나 절실하다. 아들의 말이나 아빠의 말을 전달할 때, 그것이 문제 해결을 요구하는 것인지 감정을 표현하는 것인지 구분해서 알려야 한다. 서로가 알아들을 수 있는 표현으로 잘 전달했을 때 겨우 문제가 생기지 않는 정도이지만 실수로 오역을 하게 되면 부자 간 갈등의 골만 더 키우게 된다.

흥분한 큰애를 달랬다. "필립아 솔직히 아빠가 너에게 그렇게 말씀하셨을 때, '뭐 저래? 왜 다 아빠 자기 맘대로야?'라는 마음이었지? 그런데 더 생각해보면 아빠도 자신이 결정했던 일의 결과가 별로 좋지 않았을 때 불편한 마음이 있는 거야. 그리고 통신사를 다시 변경하려면 많은 비용이 드는 것도 사실이고. 아빠도 답답하고 부담스러운 마음이 들 것 같아. 남이면 '뭐 저래?' 그러고 말 수 있지만 가족이니까 한 번 더 생각해보는 거야. 이해하기 위해서." 아이가 약간 누그러진다.

남편에게도 간다. 아이의 부정적인 모습을 이야기하면 나쁜 버르장머리를 고쳐달라는 문제 해결 요구로 들을까 봐 최대한 긍정적으로 이야기한다. 그러면서 아빠로서 해결해야 할 부분이 어디까지인지 명확하게 알려준다. 그리고 아이의 요구가 아빠의 능력을 의심하는 도발이 아니었음을 분명하게 설명한다. 집 안에 어떤 문제 상황이 생겼다 싶으면 자신이 모두 해결해야 한다는 사명감을 가진 듯한, 자칭 문제 해결꾼 남편은 알아들었는지 말이 없다.

두 사람 사이에서 감정 소모를 심하게 한 후 하릴없이 스마트폰을 켜본다. 구글 어시스턴트에게 "울적하다"고 말하니 아이유의 '잠 못 드는 밤 비는 내리고'를 추천한다.

'창밖을 보면 비는 오는데 괜시리 마음만 울적해.'

울적한 마음에 잠겨 비 오는 창밖을 바라보는 나에게 '창밖을 안 보고 집 안을 보면 안 울적할끼다'라고 이야기할 남편. 우울한 감정에 다소 취한 나를 "엄마 울어요? 오호 엄마 감성 터지네요."라며 놀릴 아들들. 감정을 잘 이해하지 못하는 이 남자들 사이에서 감정의 배터리만 닳아간다. 나와 함께하는 이 네 남자들과 문제를 해결하며 살아가려면 남아 있어야 할 그것이 말이다. 아이유의 처량한 음성이 스치듯 지나간다.

'울적한 마음을 달랠 수가 없네. 잠도 오지 않는 밤에.'

부모 자녀 관계는 크게 지지적 관계와 통제적 관계로 나눠볼 수 있습니다. 청소년의 부모 자녀 관계를 연구한 결과[43]에 의하면, 지지적 관계와 통제적 관계는 성별에 따라 차이가 있었습니다. 아버지보다 어머니와, 아들보다는 딸과 더 지지적 관계가 있었습니다.

그래서 지지적 관계는 모녀 사이에서 가장 높은 반면, 통제적 관계는 아버지와 아들 사이에서 가장 높았습니다. 이런 점에서 발달에 유리한 긍정적인 애착관계는 부자 사이가 아닌 모녀 사이에서 잘 형성될 가능성이 더 높습니다.

아들과 통제적 관계를 형성하던 아버지의 경우 아들이 사춘기가 되면 그 갈등의 정도가 극심해지다 폭력을 사용하는 경우도 많습니다. 그런데 여학생과 달리 남학생의 경우 부모가 행사한 폭력으로 인해 분노가 커졌습니다.[44] 이렇게 부모의 폭력, 부모로부터 받은 스트레스 등이 아들의 우울, 분노, 공격성을 직간접적으로 키울 수 있습니다.

남자 중학생들의 아버지에 대한 만족도, 애착은 아버지 직업, 학력, 연령에 따라 달라지지 않습니다. 하지만 아버지의 과잉보호는 아들의 우울감을 키우고 자아 존중감을 낮게 할 수 있습니다.[45]

역사 속 최악의 부자관계가 떠오릅니다. 바로 사도세자와 영조입니다. 여러 해석이 있지만 영조의 콤플렉스와 광기 어린 교육열 및 통제가 세자의 자존감을 짓밟았고 그런 비극을 낳았다고 생각합니다. 이런 의미에서 사춘기 아들을 둔 아빠에게 중요한 것은 통제도 과잉보호도 아닌 진심어린 응원을 담은 지지입니다. 한 발만 뒤로 물러서서, 삐뚤거리며 걸어가도 '미우나 고우나 내 새끼'라는 마음으로 성장해가는 아들을 바라보는 마음 말입니다.

그랬으면 제가 집에 안 들어오고 방황했썼썼죠!

●●●●●● 첫째의 초등학교 졸업을 앞둔 겨울 방학. 태어나 처음으로 첫째와 동네 영어 학원을 방문했다. 중학교에 진학하니 학습이 어떤 건지 느껴볼 필요가 있지 않을까 싶었다. 학원을 다녀온 첫날, 아이는 바로 방으로 들어가더니 펑펑 울었다. 무슨 일이 있냐고 물어도 말이 없다. 한참을 울더니 "엄마 저 학원 안 다니면 안 돼요? 너무 답답해서 미칠 것 같았어요." 가만히 앉아 조금이라도 못하면 엄청난 지적을 받는 듯한 학원의 분위기는 아이에게 적잖은 스트레스였다.

사실 그리 강압적인 분위기의 학원은 아니었다. 평범한 동네 학원이었다. 그런데 학원이 처음인 필립이에게 그곳은 억압적인 곳으로만 느껴졌다.

아이를 달랜 후 말했다. "필립아, 엄마는 네가 잘 되길 바라지만,

네 마음이 너무 힘든데도 억지로 보내 너와의 관계가 틀어진다면 엄마는 멈출 거야. 왜냐면 네가 잘 되는 것과 너랑 잘 지내는 것, 이 둘 중 하나만 고르라면 엄마는 잘 지내는 걸 택할 거거든. 학원 때문에 너랑 관계가 틀어져야 한다면 억지로 시킬 생각이 없어. 그러니까 학원에 대해 어떤 결정을 내려도 괜찮으니까 잘 생각해보고 이야기해줘."

한참 생각하던 아이는 "이번 달까지는 그래도 다닐게요."라고 말했다. 이후 극적인 성과가 있었던 건 아니었지만, 아이는 힘든 고비 앞에서 무조건 포기하지 않았고, 마음 상하지 않으면서 자신이 선택한 과정을 끝까지 마무리했다.

어느 날 남편이 고등학교 친구를 만나고 들어왔다. 친구들의 근황을 이야기하던 중 일찍 결혼해 벌써 우리 첫째보다도 더 큰 친구 아들 이야기가 나왔다. 부부가 모두 S대 출신인 그 친구의 아들은 중학교 2학년 때 이미 가출 경험이 있다고 했다. 우리 이야기는 그 친구네 부부만큼이나 뛰어난 또 다른 부모의 자식 이야기로 이어졌다. 남편이 강남 지역 학원에서 일하면서 만난 아이들의 부모님은 대부분이 SKY 출신 전문직이었다. 이들 중에는 아이들의 작은 일탈도 절대 용납할 수 없는 부모도 많았다.

이야기를 하다 아들에게 "근데 필립아, 만약 엄마 기준에서 너에게 공부 잘하기를 기대하고 요구했으면 어땠을 것 같아?"라고 물었다. 잠시 고민하던 필립이가 대답했다. "그랬으면 제가 집에 안 들어오고 방황하고 그랬겠죠!" 너무 진지하게 대답해 놀랐다. 부모가 아이를 밀어 붙이면 아이에게 집은 더 이상 편히 쉴 곳이 아니다. 마음 둘 데 없어진 아이는 집 밖으로 돌 수밖에 없음을 알려주는 말이었다.

언젠가 논문에서 봤던 연구 결과가 떠올랐다. 생각보다 많은 아이들에게 가출 충동이 있었다. 전국 청소년의 41.3%가 그런 충동을 느낀 적이 있었고, 실제로 8.1%는 가출 경험이 있었다.[46] 그리고 청소년쉼터를 이용하는 청소년의 72.55%가 불화·간섭·무관심·폭행·의견 차이 등과 같은 가족 간 갈등으로 가출하게 됐다는 기사도 있었다.[47] 가출 청소년을 바라볼 때 아이 자체가 문제 많은 '날나리'라고 낙인찍지만, 실제는 그 가족 자체에 더 문제가 있음을 알 수 있었다.

둘째와 셋째의 갈등이 심해 상담을 받을 때, 하루는 온 가족이 상담에 참여하게 되었다. 그때 상담 선생님이 상담을 이끌어가는데 다른 분의 방법과 좀 다르다는 느낌이 들었다. 알고 보니 이 분이 바탕으로 하는 이론이 '이야기 치료'라고 하셨다. 이야기 치료는 문제가 사람에게 있는 것이 아니라 외부에 존재하는 문제가 사람에게 찾아온다고 보았다.

이 이론을 다 이해할 수는 없지만 '문제가 문제지 사람이 문제가 아니다'라는 시각은 대단히 의미 있어 보였다. 아이가 까탈스러운 것이 아니라 까탈스러움이 찾아왔다고 보면 그 까탈스러움만 쫓아

내면 될 일이다. '너는 까탈스럽다'고 낙인찍는 순간 아이의 본질이 그렇게 결정되고 만다. 하지만 그저 그 순간에 아이에게 그런 감정이 찾아왔을 뿐이라고 생각하면 문제 행동이 객관적으로 보이기 시작한다. '문제투성이 새끼'가 아니라 그저 몇 가지의 단점이 가끔 찾아오는 평범한 청소년일 뿐이다.

잊지 말아야 할 사실이 있다. 아이들에게는 문제로 지적할 부분보다 장점이 더 많다는 사실이다. 단점에 집중하여 사람을 정의하면 마치 그 인생에 문제 이야기만 있는 것처럼 보인다. 자세히 관찰하면 아이에게는 더 많은 긍정적인 일화와 가끔 찾아오는 문제점을 스스로 이기고 극복한 예외적인 사건도 반드시 있기 마련이다. '넌 항상 문제야'라고 말할 만큼 문제가 본질인 사람은 있을 수 없다. 몇 개의 단점이 사람 자체일 수 없다.

집에서 학교에서 버릇없고 비뚤어졌다고 정의 내려진 청소년들. 자신의 정체성이 그렇게 결정된 아이들은 자신의 존재감을 드러내고자 비뚤어진 모습으로 센 척을 했다. 학교에서 마주한 거친 아이들. 마치 '끝없이 엇나갈 테야'라는 듯한 눈빛이 사실은 누군가가 애정 어린 시선으로 자신의 장점을 알아봐주길 간절히 바라는 애원이었다. 그들의 거친 언행은 껍데기에 불과했다. 그저 '문제 있다'고 누군가 단정했을 뿐이었다.

'나름 배운 여자'의 기준에서 아들을 바라보면 학습이라는 측면에서는 한숨만 절로 나올 따름이다. 하지만 첫째에게는 나름의 심리적 압박에도 자신이 결정 내린 만큼은 책임지려는 의젓한 모습이 있었다. 엄마는 아이의 이런 장점에 예민해야 했다. 그러고 보면 아이들이 세상에서 설 자리는 엄마가 아이의 긍정적인 모습에 얼마나 많이 집중하는가에 달려 있지는 않을까. 아이를 벼랑 끝으로 내몰지 아니면 넓은 들판에서 자유롭게 자신의 삶을 살게 할지는 내가 주목하는 아이들의 장점의 크기로 결정되리라 생각한다.

비록 부족할지언정 자신의 어려움을 나름의 방식으로 이겨내려는 그 첫걸음에 원 없이 박수를 보내고 싶다.

태어나서 첫걸음을 내딛는 아들을 경이롭게 보던 그 눈으로 아이의 애쓰는 모습을 지켜본다. 그 걸음은 비록 내가 원하는 방향이 아닐 수 있다. 하지만 세상을 헤쳐 나가기에 힘이 부족하더라도 아이의 정체성은 미숙함에 있지 않고 그것을 극복하려는 소중한 마음에 있다고 보고 싶다. 그것이 아이를 바깥으로 돌지 않고 맘 편히 집으로 돌아오게 할 강력한 구심력이라 생각한다.

가출 청소년 실태

여성가족부에서는 2년에 한 번씩 〈청소년 매체 이용 및 유해환경 실태 조사〉를 실시하고 있습니다. 이 보고서는 전국 초중고 학생들의 가출 관련 조사 결과를 포함하고 있습니다. 2018년 실태조사 결과 '가출 고민'과 '가출 경험' 비율은 남학생과 여학생 성별에 따라 달랐습니다.

그래프에서 알 수 있듯이 '가출 고민'은 여학생 비율이 높았지만, 실제 '가출 경험'은 남학생이 조금 더 많았습니다. 남학생은 가출을 심각하게 고민해 보는 경험이 적더라도 실제 가출로 옮기는 비율은 다소 높다고 할 수 있습니다.

'가출 생각'과 '가출 경험' 외에 남여 차이를 보이는 부분이 또 있었습니다. 먼저 남학생은 여학생에 비해 가출 기간이 더 길었습니다. 가출 기간이 '하루'라는 응답이 여학생은 69.5%였지만 남학생은 57.0%였습니다. 10일 이상의 경우 남학생은 13.8%, 여학생은 6.4%였습니다. 즉, 남학생이 가출하게 되면 여학생보다도 더 장기간 가출하는 경향

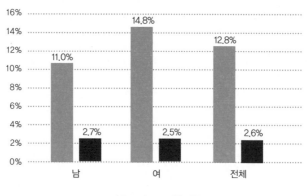

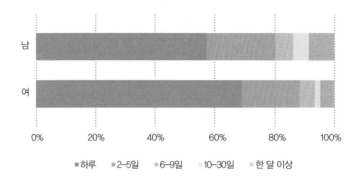

이 있었습니다.

그리고 남학생들은 가출 시 자신을 도와줄 수 있는 전문 청소년 지원 기관에 대한 인지도는 여학생보다 낮았습니다. 대표적인 지원 기관인 청소년쉼터, 청소년상담족지센터, 청소년전화 1388을 모르는 경우가 더 많았습니다.

결과적으로 남학생들은 여학생보다도 실제 가출 경험을 할 가능성이 높고, 가출하게 될 때 가출 기간이 더 길지만, 도움 받을 곳에 대한 정보는 부족한 상태임을 알 수 있습니다.

어깨빵과 가오통

•••••• 둘째가 중학교에 입학한 후 아침이 더 분주해졌다. 그 가운데서도 말하기 좋아하는 둘째는 이런 저런 이야기를 한다. 어느 날은 한숨을 먼저 푹 쉬며 이런다. "아, 진짜 2학년 형들 이상해요. 아니 복도가 넓은데도 괜히 와서 어깨 부딪히고 어깨빵 하고 지나가요. 아, 진짜 왜 그런지 모르겠어요." 필립이가 조언한다. "야, 원래 그래. 그래도 너 괜히 2학년한테 말대꾸하지 마라. 그냥 지나가. 비켜주든가. 괜히 시비 털리면 골치 아파진다." 둘째는 "왜 내가 그래야 하는데. 아 진짜 형들 이상해."라며 씩씩거렸다.

둘째의 말이 마음에 걸려 같은 반 친구 엄마와 아이들 학교생활에 대해 통화했다. "언니, 혹시 ○○이는 어깨빵 이야기 안 해요? 필홍이는 어깨빵 때문에 힘들다고 해요." 그러자 "어, 어깨빵이요? 저는 처음 듣는데요. 그런 게 있어요? ○○집에 돌아오면 물어볼게요."라며 모르는 모양새다. 필홍이만 형들에게 어깨빵을 당하고 다니는 건 아닌지 걱정스러웠다.

1시간 즈음 후 전화가 왔다. "○○한테 어깨빵 아냐고 물어봤더니, 애가 해맑게 '당연히 알지. 엄마.'라고 해서 '그럼 넌 어떻게 해?'라고 했더니 '아, 나는 형님들 잘 지나가시라고 빨리 옆으로 비켜서서 길을 터드리지.'라던데요. 웃기죠. 근데 더 웃긴 게 뭔지 알아요? 자기도 2학년이 빨리 돼서 1학년 애들한테 어깨빵 하고 다니고 싶다는 거예요. 그래도 우리 애가 그냥 비켜줘서 안 부딪혀 안심되는 것도 사실이에요." 모범생 친구도 그런 생각을 하는 걸 보니 아마도 대부분 남자 아이들의 솔직한 심정이라는 생각이 들었다.

남자들 사이에서 '어깨 좀 쓴다'라는 말이 있다. 어깨는 남자의 위세와 힘이 담긴 곳이다. 그러니 1학년 후배들을 향해 어깨빵을 하며 "나 선배야, 깔아."라고 말하고 싶은 2학년들의 마음이 그 어깨에 '빡' 하고 들어가 있었겠다 싶어 이해가 된다. 어쩌면 덩치에서도 그다지 밀리지 않고 순종적이지도 않은 둘째를 향해 더 강한 어깨빵을 날려 눌러주고 싶었을 것도 같다.

사춘기 남자 아이들은 어깨에 '가오' 잡고 다니는 경우가 많다. 그 가오가 후배를 향한 어깨빵이 될 때도 있고, 친구를 향한 힘자랑이 되기도 한다. 학년 말 즈음 첫째가 씩씩거리며 "아, 진짜 엄마 반 배정할 때 어떻게 해요? 아, 진짜 ○○하고는 절대 같은 반 안 되고 싶어요." 혹시나 반에서 무슨 일이 있었나 싶어 걱정스러웠다.

"아니 ○○, 완전 가오충이에요. 세지도 않은데 괜히 센 척하고 시비 걸어요. 열라 가오 잡으면서 시비 터는데 진짜 지금까지는 참고 받아줬는데 그러니까 자기가 진짜 센 줄 알고 더 가오 잡고 난리에요. 너무 열 받아서 어떨 때는 확 의자 던져버리고 싶은 충동을 느낀다니까요." 큰 일로 번졌을 뻔한 이야기를 듣고 일단 상상 속에서만 끝났으니 참 다행이다 싶어 놀란 가슴 쓸어내렸다.

중학교 남자 아이들 또래관계의 핵심 중 하나는 서열이다. 서열 중심 관계가 형성되는 남중학교는 '정글', '동물의 왕국'으로 불린다. 중학교에서 유독 학폭이 많은 이유도 이와 관련 있다고 선생님들은 입을 모은다. 중학생은 자신의 능력에 대한 객관적 인식이 부족하니 자신의 서열 또한 정확하게 파악하지 못한다. 그래서 좌충우돌 서열경쟁을 위해 부딪치다 큰 싸움으로 번지기도 한다. 이처럼 남자 아이들의 서열경쟁은 성장 과정의 한 부분이고, 어깨빵과 가오충은 남자 아이들의 서열경쟁심이 밖으로 표출된 모습이었다.

중학생이 된 아이들의 어깨빵과 가오충 이야기를 쓰다 보니 삼형제의 어린 시절 놀이터 풍경이 떠올랐다. 삼형제는 놀이터에서 낯선 남자 아이를 만났을 때, 약간은 경계하는 듯한 눈빛으로 상대를 바라보며 이렇게 묻곤 했다. "야, 너 몇 살이냐?" 나이로 상대가 더 센지 파악하여 행동거지를 결정하던 그때부터 서열경쟁은 시작되고 있었다.

예전에 읽은 연구 결과[48]에서도 그랬다. 청소년기 남자 아이들은 또래관계를 형성할 때 자신이 그 집단에 얼마나 잘 수용되는가 보다는 높은 지위를 획득하는데 더 관심이 컸다. 그리고 지위 획득을 위해 자신을 과시하는 전략을 사용한다는 결과였다.

이런 과시의 형태는 다소 공격적인 행동 성향으로 나타났다.[49] 서열경쟁이 남자 아이들의 성장과 또래관계에서 얼마나 중요한지, 그리고 이를 위해 가오 잡고 센 척하는 남자 아이들의 모습을 다시한번 생각해보게 됐다.

그런데 센 척하고 싶어 가오 가득 잡은 그 어깨가 혹시라도 폭력적인 상황으로 이어지지 않을까, 또래관계에서 갈등을 일으키지는 않을까 늘 조마조마한 내 마음은 어쩔 수가 없었다. 너무 쎄서 힘 자랑하고 다닐까 봐 걱정, 너무 약해서 위축되고 다른 아이들이 만만하게 보는 약체일까 봐 걱정. 이래도 저래도 아들 걱정이 끊이지 않았다.

오늘도 서열경쟁의 성장과정 속에서 그저 다치지 않기만을 바라며 아이들을 지켜본다. 어깨빵과 가오충도 남자 아이들 성장의 한 과정이라는 사실을 이제는 확실히 알기 때문에.

이 시기 아들의 선후배와의 관계도 주의해서 살필 필요가 있습니다. 때로는 서열 추구가 왜곡된 또래관계를 만들어내기도 해서, 자기 또래가 아닌 후배 또는 선배와의 관계에 기대어 서열을 형성하기 때문입니다. 학교에서 만난 한 아이가 그랬습니다.

그 아이는 중학교 1학년 때부터 친구들과 잘 어울리지 못했습니다. 그런데 친구들과 잘 어울리기 위한 노력을 하기보다는 친구들보다 훨씬 센 선배와 어울리기 시작했습니다. 더 세 보이기 위해 담배도 배웠습니다. 가오는 잡고 싶은데 자신의 힘으로는 안 되니 선배의 힘을 등에 업고 친구들보다 자신의 서열이 절대적으로 높다고 생각했습니다. 그러나 실제로 센 게 아니었기에 정말 센 친구에게 싸움을 걸었다 한 방에 무너지기도 했습니다.

선배가 졸업했습니다. 이 친구는 어떻게 되었을까? 자기 또래 집단으로 자연스럽게 섞이지 못했습니다. 자신의 자리를 떠받쳐줄 아래 서열을 후배 중에서 찾았습니다. 자기가 그랬던 것처럼 신입생 후배를 데리고 다녔습니다. 후배는 이 선배에게 간식을 상납하며 전적으로 떠받들었습니다. 그러니 적어도 그 관계 속에서는 자신의 서열이 확고해졌습니다. 이렇게 힘센 선배를 등에 업은 힘자랑, 약한 후배에게만 힘자랑하는 부자연스러운 서열 획득으로 그 아이는 끝내 자연스러운 또래관계를 형성하지 못했습니다.

아이가 또래관계 속에서 서열경쟁 상황을 잘 이겨내고 성장할 수 있도록 돕는 지혜가 필요합니다. 먼저 부모님의 따뜻한 격려, 공감이 담긴 애정적 양육 태도가 또래집단 형성과 그 안에서의 인기도를 결정하는 데도 중요하다는 연구 결과가 있습니다.[50] 또한 아이들의 또래집단 사이에서의 서열과 지위를 연구한 결과, 스포츠는 남자 아이의 또래집단 내 인기도의 결정적인 요인이라고 합니다.[51] 운동 잘하는 남자 아이는 친구 사이에서 매력적으로 인식된다는 점을 경험적으로도 잘 알 수 있습니다.

그런데 서열경쟁은 외부에서 규정한 어떤 힘에 의해 자신의 지위가 정해지는 것입니다. 이런 면에서 자신에 대한 외부 평가 수준이 낮다면 낙담하겠지만 자기 자신에 대한 진지한 성찰의 시간이 될 수도 있습니다. 스스로 약한 부분을 인정함과 동시에 진짜 자기가 강해질 부분이 무엇인지 발견하는 내적평가의 기회가 되기 때문입니다.

이를 통해 자존감을 회복한다면 서열 중심의 또래관계가 아닌 인간적인 관계 중심의 좀 더 성숙한 또래관계를 맺게 될 것입니다. 외적, 내적 평가 사이의 균형을 맞춰가며 성장해가는 아들을 향해 격려와 응원을 보냅니다.

/
아들의 공부
/

우리 반 남자애들
다 ADHD 같지 않냐?

●●●●●●● 중학교 2학년의 스포츠클럽 배드민턴 시간이었다. 순서대로 배드민턴을 치기 위해 대기하는 짬에도 여자 아이들은 옹기종기 모여 이야기꽃을 피웠다. 마냥 깔깔대고 웃던 중 한 아이가 심각한 표정으로 말한다.

"야, 우리 반 남자애들 다 ADHD 같지 않냐?" 옆에 있던 친구들은 "맞아, 맞아, 아 진짜 너 전에 개네들 수업시간에 하는 거 봤냐? 진짜 개네들은 말을 들어먹지를 않아요."라며 맞장구를 쳤다. 중학교 시기 여자 아이들에게 남자 아이들은 중증 ADHD로 보였다.

학교에서 남학생을 이렇게 바라보는 시선은 여학생뿐만이 아니다. 학년 말 즈음 반별 합창제를 준비시키는 선생님들이 말했다.

"진짜 반 분위기는 남자애들이 중요하지 않아요? O반 보면 남자애들이 그래도 착하고 여자애들 말을 잘 들으니까 합창제 준비도 그렇고 뭘 해도 잘 했잖아요. 그런데 O반은 진짜 그 남자애들 때문에 정신 하나도 없고. 수업 시간마다 종 쳤는데 남자애들 반이 복도에 돌아다니고 있고. 그러니 합창은 고사하고 뭐 곡 선정도 제대로 할 수가 없었잖아요."

실제로 한 반의 분위기는 남자애들이 얼마나 협조적으로 여자애들 말을 잘 '듣고 따라주느냐'에 달려 있다. 실제로 남자 아이들이 학급 운영에 관련된 사항을 주도적으로 결정하고 적극적으로 참여하는 경우는 정말 흔치 않다. 이런 모습은 심지어 남학생이 주도적일 것 같은 체육 수업에서도 마찬가지다. 수업을 끝낸 체육 선생님이 심각하게 말씀하셨다.

"아, 진짜 남자애들… 얘네들 어쩌려고… 자유 시간을 줘도 자기들이 뭘 할지를 여자 애들한테 물어보고 심지어 허락받고 구석에서 하고 있다니까요."

이런 학교생활에서 남학생이 중요한 일정, 수행평가, 과제를 잘 챙길 가능성은 희박하다. 아들 엄마들이 남학교를, 딸 엄마들은 남녀공학을 선호하는 이유는 같다. 아들 엄마들은 이렇게 '정신없는' 아들들이 여자 아이들에게 눌리지 않게 하려고 여자 아이를 피한다. 딸 엄마들은 아들들이 여자 아이들 밑을 깔아주니 남녀공학이 내신에 그나마 유리하다고 생각한다.

수행평가가 강조되고 학종 시대가 된 요즘에는 더욱 그렇다. 실제로 교내 임원, 교내외 다양한 활동, 교내에서 개최되는 각종 대회에 적극적으로 참여하는 학생, 완성도 있는 작품을 제출하는 학생은 대부분 여학생이다. 남자 아이들이 제출한 것을 보고 있노라니 형식만 제대로 갖추면 '역차별'을 해서라도 상을 주고 싶은 충동을 느낄 만큼 '안습'이다. 문득 몇 년 전 한 기자가 쓴 칼럼이 생각난다. 그가 신입기자 채용 과정에서 '글도 못 쓰고 글씨도 못 쓰는' 남자 지원자에게 느낀 안타까움에 나도 적극 공감하게 된다.

이런 아들들을 바라보며 많은 엄마들은 희망한다. 내 아들이 어느 날 마법가루를 맞은 듯 확 변신하기를. 하지만 이런 변신을 바랄수록 아들을 향한 잔소리만 늘어가고, 아이는 도대체 뭘 어떻게 해야 할지 몰라 갈팡질팡할 뿐이다. 그렇다고 학교에서 여자 아이들에게 싸잡혀 'ADHD' 환자 취급을 받고 '밑을 깔아주며' 계속 그렇게 학교생활을 할 수도 없는 노릇이다.

어떻게 해야 아들의 변화를 끌어낼까? 삼형제와 학교에서 만난 남학생들을 보며 한 가지 정확하게 알게 된 사실은, 아들에게는 구체적인 지침이 필요하다는 점이었다. 남자 아이들은 당장 자신이 어떻게 행동해야 할지 스스로 가늠할 수 있는 구체적인 방법을 알려줘야 실질적인 변화가 가능하기 때문이다.

첫 번째 단계는 학교 유인물 챙기기다. 여기저기 처박혀 있는지 없는지도 모르는 많은 학습 자료, 유인물 등을 클리어 파일에 정리한다. 그 다음은 책에 낙서하지 않기다. 교과서의 낙서는 '빼박' 수업 시간 딴 짓의 증거다. 낙서하지 않겠다는 실천만 해도 수업 시간에 어느 정도는 집중할 수 있다.

궁극적인 목표는 수업에 몰입하기다. 물론 쉽지 않다. 많은 연습이 필요하다. 그 연습 과정 중 하나로 집에 돌아와 복습노트를 준비해 수업 시간에 들었던 단어를 하나라도 써 본다. 뭔가 써야 한다 생각하면 최소한의 집중을 할 수 있기 때문이다. 그리고 평소 집에서 공부할 때도 타이머를 이용하는 연습을 할 수 있다. 타이머로 실제 집중한 시간을 수량화해 스스로의 상태를 점검할 수 있기 때문이다.

삼형제에게도 이 방법을 조금씩 적용해 봤다. 비록 삼형제가 이 모든 연습 과정을 완벽하게 수행하고 수업에 몰입하는 경지에 이른 것은 결코 아니다. 아이들은 여전히 유인물을 놓치고, 책에 낙서를 하고, 복습노트를 까먹는다. 애초에 아들에게 극적인 변화는 기대하지 않는 것이 좋다. 원래 성장은 마법처럼 이뤄지는 것이 아니니까.

그러나 아이들은 무엇이 중요하고 무엇을 해야 할지를 기억하고, 조금씩 조금씩 실천하고 있다. 이 작은 실천과 변화 속에서 아이의 성장을 본다. 치열한 공부의 길 위에 선 아들에게 필요한 것은 일관된 지향점과 구체적인 방법 제시, 그리고 변화와 성장을 응원하는 '궁디팡팡'이다.

아들에게 학교 수업 태도가 중요한 이유

중고등학교 생기부의 과목별 세부 능력 특기사항에는 학생의 학습과정 전반에 대한 내용이 서술형으로 기술됩니다. 그리고 이 영역은 고입이든 대입이든 모든 입시 전형에서 가장 중요한 평가 요소 중 하나입니다. 최근 서울대 입학사정관은 한 입시 설명회에서 "학생 우수성은 오로지 학교에서 수강한 과목과 내용에 있다."라고 말했습니다.[52] 그렇다면 학교에서 수강한 과목과 내용이 가장 잘 드러나 있는 곳은 어디일까요? 바로 생기부의 과목별 세부 능력 특기사항(이하 과세특)입니다.

그런데 누가 과세특을 채울 수 있을까? 그것도 긍정적인 내용으로요. 당연히 수업 태도 좋은 학생입니다. 특히 수업 태도가 좋은 남학생은 진흙 속 진주와도 같이 귀합니다. 그래서 주목 받을 수밖에 없습니다. 실제 수업 시간에 선생님으로부터 칭찬을 받고 주목받을 뿐만 아니라 과세특에서 빛나는 아이로 기록될 수도 있습니다. 학교 수업 태도는 아들의 공부를 위해 가장 먼저 다듬어져야 할 중요한 부분입니다.

멍한 남학생의 모습에서
내 아들을 보다

•••••• 학생들에게 수학에 관한 생각을 물을 때가 종종 있다. A학생은 수학에 대한 원망이 가득했다. "과거로 돌아간다면 다시는 필리핀에 가지 않을 거예요. 그게 내 인생의 실수였어요. 필리핀에 다녀온 초등학교 5, 6학년 시기에 수학을 포기해야 했거든요. 따라갈 수 없었으니까요. 그때 나를 필리핀에 보낸 부모님이 원망스러워요."라고 말했다.

수학을 향한 강한 부정적 마음에도 불구하고, A는 눈에 띄게 바른 자세로 앉아 칠판을 바라보았다. 얼마나 기특하던지! 그것도 남학생이! 자연스럽게 내 마음이 가다 보니 문제 푸는 시간에는 A에게 좀 더 관심을 두고 다가가 잘 하고 있는지 확인하곤 했다.

그런데 가까이에서 보니 사실 그 학생은 아무것도 풀 수 없는 상태였다. 수학을 포기했다는 아이의 말은 단순한 심리적 표현이 아니었다. 관심이 부담스러웠는지 어느 순간에는 자신은 수학을 아예 포기했고, 어차피 가망이 없으니 신경 쓰지 말라고도 했다.

아무리 바른 자세로 수업에 참여해 보아도 자신이 알 수 있는 것이 거의 없는 괴로움을 견디고 있는 A의 모습이 더욱 안쓰러웠다. 수업 시간마다 그 학생에게 눈길이 한 번 더 갈 수밖에 없었다. 어느 날 아이의 멍한 눈빛과 마주친 나는 순간 눈물을 왈칵 쏟을 뻔했다. 내게 너무도 익숙한 눈빛. 필홍이의 모습이 보였다.

중학생이 된 둘째에게 물었다. "필홍이는 학교 수업은 어때? 수학은 어느 정도 이해하는 것 같아?" 둘째는 70~80%라고 답했다. '아, 이 정도면 괜찮지' 하고 안심하던 나에게 필홍이는 "70~80% 이해가 안 돼요."란다. 말은 끝까지 들어야 한다. 이해하는 내용이 20~30% 정도밖에 되지 않는 필홍이가 수업 시간에 할 수 있는 일은 많지 않을 것이다. 수업 시간 자리에는 앉아 있어야 되니 이러지도 저러지도 못한다. 문제 풀이를 열심히 흉내 내기 위해 칠판을 기웃, 친구 책을 기웃거리며 수업을 따라가는 척하고 있을 것이다. 필홍이의 이런 모습이 학교에서 만난 그 학생의 멍한 눈빛과 오버랩되었다.

이해할 수 있는 내용이 20%밖에 되지 않은 아이들은 언뜻 보면 공부에는 아무런 의지가 없어 보인다. 남자 아이들은 더욱 그렇다. 때로 이런 학생들은 공부 잘하는 '범생이'와 달리 자신들은 공부에서 자유롭다는 듯 나름 센 척을 할 수도 있다. 그래서 이런 아이들은 어차피 공부와는 거리가 멀다 여겨져 소외되기 십상이다.

집에서도 '아무 생각 없는 한심한 아이'라고 치부해버리기도 한다. 담임을 맡은 반 어머님과 상담하다 보면 그들의 중학생 아들 때문에 눈물을 쏟을 지경이 되곤 하신다. 애당초 자신의 삶에 애정이 보이질 않는다는 것이었다. 그 증거로 공부에 열정을 보이기는커녕 아무런 의욕 없이 눈빛만 흐리멍텅하다는 점을 내세우신다. 그때 어머님들께 말씀드리곤 했다. "본인이 잘 되길 가장 바라는 사람은 자기 자신일 거예요. 스스로도 답답하겠죠. 뜻대로 되는 게 없으니 겉으론 아예 아무것도 관심 없는 척 행동하는 거예요. 자기 인생이 '폭망'하길 바라는 아이는 없어요."

실제로 아이들과 상담해보면 그렇다. 이야기를 듣고 마음을 들여다보면 아이들의 '공부와는 거리가 먼' 그 모습이 사실은 '쿨한 척'이었음을 알게 된다. 자기 인생에 나름의 고민과 잘 되길 바라는 간절한 마음이 있다. 뭔가 잘하고 싶은 욕구도 있다. 수업 시간 멍하게 칠판을 바라보며 필리핀이 아니었다면 잘할 수 있었다는 A. 부모를 향한 원망 속에는 잘하고 싶다는 간절한 바람이 담겨 있었다.

공부와 거리가 멀어보이는 삼형제에게도 잘하고 싶은 바람은 있었다. 하루는 영어 학원 상담을 마치고 돌아오며 첫째가 말했다. "아, 90점 맞으면 어떤 기분일까요? 진짜 기분이 좋긴 하겠네요." 학교 공부가 어려워 힘들어하던 둘째가 말했다. "우리 반 ○○는 진짜 신기해요. 발표도 잘하고, 공부도 잘하고 좋겠어요." 3학년을 마친 셋째가 말했다. "내년에는 적어도 한 과목이라도 단원평가에서 다 100점 맞아보고 싶어요."

수업 시간 멍 때리며 칠판의 판서 내용도 겨우 따라 쓰기 바쁜 필홍이는 공부에 관심이 없어 보인다. 그런데 둘째의 진심을 알았다. "엄마, 저는 왜 이렇게 수학을 못할까요? 저 이러다 특수교육 선생님 될 수 있을까요? 저 계속 이러면 어떻게 되는 거예요?" 둘째의 진지한 이 물음 속에서 난 아이의 간절한 소망을 보았다. 수학은 포기하고 싶을 만큼 절망적인 수준이었지만, 자기 꿈이 수학 때문에 어그러지지 않을까 근심하고 있었다. 아이도 자기 삶이 잘 되길 간절히 바라고 있었다.

수많은 A들의 흐리멍텅한 눈빛 너머에는 공부를 한번 잘해 보고 싶다는 간절함과 삶의 애정이 애처롭게 반짝이고 있었다. 어쩌면 그들의 눈이 흐린 것은 자신도 어찌할 수 없는 절망감에 눈물이 어린 채 세상을 바라보기 때문인지도 모른다. 수업 시간 멍하게 칠판을 바라보던 A의 눈망울 속에 오버랩된 필홍, 수업 시간 이해할 수 없는 내용이 70~80%일지라도 잘하고 싶다는 절박함이 내 자식에게도 있었다. 흐리멍텅한 눈빛을 한 많은 A들의 마음속에도 공부를 한번 잘해보고 싶다는 희망과 삶에 대한 애정이 가득했다.

내 아이의 눈빛이 가장 똘망똘망했던 순간을 떠올려본다. 그때 아이의 소통방식은 울음뿐이었다. 그럼에도 나는 그 울음의 이유가 배고픔인지 심심함인지 불편함인지 구분했다. 울음이라는 빈약한 의사소통 방식도 풍부하게 해석할 수 있었다. 그저 소리내 울기만 했던 많은 아들들이 지금은 속으로 눈물 흘리고 있다. 하지만 엄마는 흐리멍텅해 보이는 A들을 썩은 동태의 그것에 비유하며 악담하기도 한다. 아이들은 목표를 놓쳤고 엄마는 예민함을 잃었다. 의사소통의 방식은 크게 바뀌지 않았지만 품에 꼭 안고 아이 눈을 응시하던 섬세한 마음은 간 데 없다.

A학생과 필홍이에게 필요한 것은 전교 일등의 학습법도, 유명 강사의 솔루션도 아니다. 그저 절망의 눈물에 희망의 불꽃이 눈에서 사그라들지 않게 할 애정 어린 응시다. 애기 때나 청소년 때나 아들들은 여전히 단순한 방식으로 의사를 전달한다. 아이는 모스 부호를 보내고 있지만 우리는 스마트폰을 들고 신호를 잡으려 든다. 아들들의 SOS 신호를 그저 잡음으로 듣는 것은 아닌지 생각해 본다.

수포자를 위한 공부, 시작점은?

수포자 아이도 잘해 보고 싶은 마음은 굴뚝같지만, 자신의 현재 상태가 포기하고 싶을 만큼 너무 심란해서 무엇을 어떻게 시작해야 할지를 모르는 경우가 대다수입니다. 무작정 시도하다 보면 포기하는 경우가 많습니다. 그리고 시도와 포기가 반복되는 과정에서 포기 자체가 습관이 됩니다.

이때 아이를 도와주기 위해 이런저런 묘책이 동원되기도 합니다. 그런데 1등 하는 이웃집 아이의 공부법, 공부 잘하는 아이들이 다니는 학원이라고 해서 내 아이에게도 묘책이 되는 건 아닙니다. 공부에 좌절을 겪고 있는 내 아이에게 바로 적용 가능한 방법이라야 효과적일 수 있습니다.

이런 방법 중 하나는 '개인지도'입니다. 왜냐하면 대부분의 수포자는 스스로 공부할 수 있는 습관이 형성되지 않은 경우가 많습니다. 기초 학습 능력도 부족합니다. 가령 중학교 3학년이지만 초등학교 4학년 수준의 기초가 부족한 경우도 많습니다.

그런데 일방적인 강의 속에서 학생은 학습 내용이 이해가 안 됐음에도 불구하고 자신이 모른다는 사실을 감추는 데만 신경 쓰기도 합니다. 이런 경우 학생은 '이해는 안 되고, 척하기도 힘든 상황' 속에서 쉽게 좌절하고 포기하는 악순환으로 이어집니다. 그래서 이런 학생에게는 중학교 3학년 수준의 학습 내용뿐 아니라 영역별로 기초 학습도 보완해줄 수 있는 개별 맞춤형 학습 지원이 필요합니다.

'개인지도'는 사교육만을 의미하지는 않습니다. 대부분의 학교에서 진행되는 기초 학습 부진 학생 지원 프로그램, 또래 및 대학생 멘토-멘티 프로그램, 구청에서 주관하는 관내 선후배 간 멘토-멘티 프로그램도 훌륭한 '개인지도'의 한 방법이 될 수 있습니다. 중요한 것은 포기를 경험한 수포자를 위한 공부는 그 학생만을 위한 집중적인 지원에서 시작되어야 한다는 점입니다.

제가 언제부터 눈이 풀렸죠?

• • • • • • 중학교 3학년이 된 첫째가 어느 날 묻는다. "엄마 제가 언제부터 눈이 풀렸죠?" 진지하게 묻는 그 모양새가 어이없고 웃겼다. "아이고 그래도 자기 눈이 풀린 걸 알긴 아나 보네."라고 했더니 아이는 "아, 맞다. 저 초등학교 6학년 때부터 그러지 않았어요? 아, 진짜 눈에 다시 힘이 잘 안 돌아오네요." 하며 거울 앞에 서 눈에 힘을 줘 가며 자신의 눈동자를 살핀다. 음… 이걸 진지한 자기 성찰이라 해야 할지….

사실 첫째는 초등학교 6학년 때부터 학교 시험이 언제인지도 잘 모를 만큼 정신없는, '눈 풀린' 아이였다. 중학생이 되었지만 달라지지 않았다. 중학교에서는 교과목 수가 늘어나고 과목별로 자신이 챙겨야 할 과제, 수행평가 일정 등이 많다. '눈 풀린' 아이가 이것을 잘 챙길 리 없었다. 시험 기간이면 학교가 일찍 끝나니 신나는 마음으로 PC방으로 직행하거나 집에 와 푹 주무셨다.

다음 날 시험 과목이 무엇인지도 모른 채 푹 자고 있는 아이의 모습을 보노라면 '아이가 커서 뭘 할 수 있을까?' 깊은 한숨이 절로 나왔다. 아이에 대한 우려는 '아… 내 아이가 자기 일 하나도 제대로 못하는 한심한 잉여인간 같은 낙오자가 되면 어떡하지….'라는 걱정으로까지 이어졌다. 분명 걱정되는 마음에서 시작했지만, 내 말이 많아질수록 아이에게는 자신을 무시하며 의심한다고 전해지는 것 같았다. 아마도 나의 입과 눈은 이미 아이를 '넌 진짜 별로다'라는 메시지를 보내며 다그치고 있었기 때문이리라. '이건 아닌데, 이건 아닌데….'라는 안타까움과 함께 아이와 자꾸 어긋나기만 했다.

그러던 어느 날 아이는 폭발했다. "저는 진짜 이 세상에 필요 없는 인간 같아요. 나 같은 애가 살아서 뭐해요? 뭐 내가 뭐 하나 제대로 하는 게 있어요? 뭘 해도 저는 다 모자라잖아요. 다 못 마땅하시잖아요." 절규하듯 외치며 우는 아이의 모습을 보며, 난 지금은 무조건 아이를 품어야 할 타이밍임을 알았다.

솔직히 '뭐래, 왜곡된 인식으로 자기 감정에 빠져 있네.'라는 아이에 대한 객관적 분석도 마음속에서 떠올랐지만, 그때는 모든 이성적 사고를 멈추고 아이를 품어야 했다. "아니야. 엄마에게 가장 중요한 건 너 자체야. 네 마음을 불편하게 하고 너를 그렇게 못난 아이라고 생각하게 하는 거라면 아무것도 하지 마. 엄마는 네가 있는 것 자체가 가장 중요해." 아이를 힘껏 껴안았다. 껵껵대며 우는 아이를 한참을 토닥이며 품었다. 정신없고 거칠었던 '눈 풀린' 첫째가 사실은 마음 둘 곳 없는 약한 아이였음을 온몸으로 느끼는 순간이었다.

그 후로 아이는 아주 조금씩 변했다. 1학년이 끝나갈 즈음 자신의 1학년 생활을 이렇게 자평했다. "아, 진짜 내가 생각해도 너무 답이 없었네요. 그리고 공부하려고만 하면 엄마가 이렇게 도와줄 수 있었는데도 안 했네요." 1학년 때는 시험 기간도 제대로 모르던 아이가 2학년 때는 시험범위와 수행평가 일정까지 제대로 알게 되었다.

물론 갑자기 아이 눈망울이 초롱초롱해지고 학습 집중력이 생기는 기적이 일어난 것은 아니었다. 앉아 있다가도 오래지 않아 벌떡 벌떡 일어나곤 했다. 그러나 적어도 앉아 있어야 한다는 생각으로 "아, 왜 이렇게 집중이 안 되지?"라며 교정하려 노력했다. 그렇게 조금씩 차분하게 앉아 있는 시간이 늘어갔다.

2학년 겨울방학이 되었다. 첫째는 영어학원을 다니기 시작했다. 자신이 생각해도 영어가 제일 문제고 어떻게든 해야겠으니 제일 '빡센' 학원을 골라서 다니겠다고 결의를 다졌다.

자신도 뭔가를 잘하고 싶다는 이 마음은 학습에 긍정적인 시그널이다. 의욕을 보였지만 아이 눈에서 레이저가 나올 만큼의 극적 변화가 있지는 않았다. 그저 차분하게 앉아 있는 시간이 조금씩 늘어났고, 퍼덕거리는 기운이 조금씩 누그러졌다.

중학교 3학년 1학기 첫 시험, 나름 시험 공부를 하던 첫째가 갑자기 말한다. "엄마 저 눈에 힘이 좀 이제 들어온 거 같지 않아요? 아니 원래 제 눈을 뭔가가 세게 누르고 있었거든요. 그래서 눈에 힘을 줄 수 없었는데요. 그 누르고 있던 힘이 약해진 거 같아요. 그나마 이제 조금 집중이 되고 눈에 힘도 들어가는 거 같은데요. 이제 눈 그렇게 많이 풀리진 않았죠?"

그러고 보니 아이의 '풀린 눈'이 조금 돌아왔다. 차분하게 앉아 자신의 삶을 고민하고 미래를 위해 뭔가를 하기 위해 눈에 힘을 주는 아이의 모습이 보인다. 아이의 시험 결과는 나에게 중요하지 않았다. 그렇게 '눈이 풀렸던' 아이가 이렇게 앉아 있는 모습, 최선을 다하는 모습, 자신의 삶을 고민하는 모습은 이미 감동이었다. "애써 노력했는데 결과가 안 나오면 제일 속상할 사람이 넌데 누가 뭐라고 하겠어?"라고 말하며 아이를 응원한다.

정서는 절대적으로 학습보다 우선이다. 아들은 더욱 그렇다. 정확한 목표, 해야 할 명분이 있을 때 무섭게 몰두하고 그때 진짜 공부를 할 수 있다. 뭉개진 자존감, 패배감, 두려움 가운데서 아이들은 절대 학습에 집중할 수 없다. 학습은 결국 스스로 해야 한다. 마음 상해가며 억지로 끌고 가는 공부는 한계가 있기 마련이다. 특히 아들은 엄마보다 키가 더 커지는 그 시기에 심리적으로 더 이상 엄마 말을 억지로 따르지 않아도 된다는 인식을 하는 듯하다. 그리고 더 이상 끌려가지 않겠다고 버틴다. 정서가 우선되지 않는 학습은 이 순간 멈춘다.

"너의 마음을 괴롭히는 것이라면 아무것도 하지 마, 아무것도 하지 않아도 돼."라며 아이의 마음을 챙겼을 때 첫째는 조금씩 학습으로 다가갈 수 있었다. 단단해진 마음으로 조금씩 스스로 학습하기 위해 '눈에 힘을 주는' 아이의 성장을 바라본다.

정서는 학습보다 우선되어야 한다

작년 한 방송사 공익광고에는 '뒷모습증후군'이 등장했습니다. '뒷모습증후군'은 우리 사회의 지나친 교육열로 부모가 보는 자녀의 모습이 학원 가는 뒷모습, 숙제하는 뒷모습만 있는 쓸쓸한 현실을 보여줍니다. 자녀의 뒷모습만 바라보는 부모의 마음에는 걱정, 불안이 가득하고 이 감정은 아이 정서에 부정적인 영향을 끼칩니다. 이 부정적인 정서는 어디로 흘러갈까요? 아이의 학습 장면으로 갑니다. 이런 가운데 최근 가장 주목받는 요소가 바로 '정서'입니다.

몇 년 전 반영된 다큐 프로그램 '정서가 학습을 지속시킨다'에서 커트 피셔 하버드 교육학과 교수는 기분이 문제 해결의 유연성과 문제해결능력을 높인다는 점을 밝히며 정서의 중요성을 강조했습니다. 중고등학생의 경우 수업, 학습, 시험 등의 상황에서 긍정적인 정서 경험이 많은 학생일수록 자신의 학습에 적극적으로 참여하고 자기조절적 노력과 학습 동기 수준도 높은 것으로 확인되었습니다.[53]

초등학생들도 정서가 자신의 정서를 조절하고, 학습 전략을 높여 결과적으로 학업 성취도를 높이는 역할을 하는 것으로 밝혀졌습니다.[54] 정서가 학습자가 행동할 수 있게 해주고, 동기 형성에도 도움을 주며. 정보처리과정을 촉진해주는 중요한 학습요소[55]라는 주장에 힘이 실립니다. 사실 학생들의 학습 과정 전반에서 정서는 중요하게 작동됩니다. 따라서 정서는 학생의 목표 성취, 자기 효능감, 학습 전략에도 결정적인 역할을 합니다.[56]

한편 뇌과학에서는 뇌의 구조, 기능, 신경전달물질 작용에서 정서가 인지와 분리되지 않았으며,[57] 정서 담당 부위, 이성 담당 부위가 상호 연관되어 있으므로 정서가 안정되어야만 뇌 기능도 활성화된다는 점을 과학적으로 밝혔습니다.[58]

흔히들 '마음이 편해야 공부도 하지'라고 말합니다. 이 말은 위와 같은 다양한 연구 결과에서도 실제로 확인되었습니다. 아무리 학습 능력이 뛰어나도 정서가 뒷받침되지 않으면 아이는 그 능력을 발휘하지 못하고 주저앉아 버립니다. 꼭 기억해야 합니다. 정서는 학습보다 우선입니다.

수학의 정석

●●●●●● 첫째가 초등학교 6학년이던 어느 날 오랜만에 동네 엄마들을 만났다. 한 엄마가 "필립 엄마, 이제 애들 중학교도 가는데 수학 어떻게 해야 돼요? 우리 애는 선행 1년 밖에 못했는데… 걱정이에요."라고 물었다. 내 대답이 나오기도 전에 옆 자리에 있던 동네 언니가 말했다. "야, 애한테 물어보지 마. 예습할 필요 없다고, 속 터지는 소리만 해."

그렇다. 나는 수학 학습에 있어 철저하게 복습 옹호자다. 수학 공부를 나름 잘해본 학생의 경험, 수학교육학을 공부한 학문적 경험, 수학을 가르치는 교사의 경험, 이 모든 경험을 어떻게 조합하든 결론은 같다. 사람들은 "네 자식 키워보면 달라질 걸."이라 했지만 자식이 중학생이 된 지금도 이 지론은 달라지지 않았다. 학교에서 더 많은 아이를 만날수록 수학에서 복습의 중요성은 더욱 굳어졌다.

4학년이 된 막내가 하루는 이렇게 말했다. "엄마 선행은 진짜 안 좋은 것 같아요." "왜?" 하고 물었다. "아니 제 짝꿍이요. 4학년 꺼 방학 때 다 선행했다고, 배웠다고 수업을 안 듣더라고요. 그래서 제가 알았죠. 선행은 안 좋은 거구나." 라고요. "그치, 수업 시간에 열심히 듣는 게 중요한데 말야." "네. 엄마 그러니까 저 오늘은 어쩔 수 없이 수학 문제집 풀 수 없겠네요. 오늘 풀 부분 학교에선 안 배웠어요. 선행하면 안 되니까요. 아, 아쉬워라. 하하. 오늘은 안 풀어도 된다."

문제집을 풀지 않기 위한 막내의 귀여운 핑계거리이긴 했지만, 선행에 대한 통찰력 있는 말이었다. 아이들이 수학을 잘 하기 위해 선행까지 했는데 그것이 아이들의 수업 태도를 망치고 있다면 뭔가 잘못돼도 한참 잘못된 거다. 자신이 뭔가 알고 있다는 착각으로 수업 시간에 성실하지 않은 태도를 보인다면 여러 가지 면에서 심각한 문제다.

대부분의 아이들은 중3 정도가 되면, 최소한 고등학교 1학년 내용은 다 선행한다. 그리고 늦었다고 불안해 하며 "선생님 어떡해요? 아, 진짜 망했어요. 누구는 어디까지 끝내났는데…." 그럴 때마다 아이들을 진정시킨다.

"그렇게 선행하고 있는 애들 실제로는 생각만큼 다 이해하고 있지 않아. 뭐 물론 엄청 잘 하는 애들은 있지. 과학고, 영재고 가는 친구들. 그 친구들은 그냥 원래 뛰어난 거야. 그러니까 그 친구들은 그 길을 가게 두고. 너와 정말 같이 공부할 친구들을 생각해 봐. 단

언컨대 그 내용 다 제대로 이해하고 있는 친구 거의 없을 거야. 일단 중2, 중3 함수 단원을 좀 어려운 문제집으로 복습해봐. 그리고 고등학교 선행은 1학기 정도만 탄탄하게 해봐. 사실 고등학교는 수업 내용이 많아서 한 번만 정신 팔려도 따라가기 힘든 수준이 될 수도 있으니까 말이야."

그러면서 아이들에게 중3 내용 중 어떤 한 개념을 물어본다. 상위권 친구들도 제대로 된 답을 대부분은 못하며 깨닫는다. 자신의 수학 공부가 '모래성처럼 쌓여져 가고 있었구나'라고.

수학은 전통적으로 남학생들이 평균적으로 더 잘하는 과목이었다. 그런데 최근에는 여학생들에게 밀리고 있다. 왜 남자 아이들이 수학마저도 못하게 되었을까? 이런 결과는 지나친 선행 중심 학습과 무관치 않다. 집과 학교에서의 경험치로나 연구 결과에서나 남자 아이들은 멀티태스킹이 되지 않는다.

지나친 선행은 지금 공부하는 내용과 선행 내용을 멀티태스킹해야 하는 상황이다. 결국 어디에도 제대로 집중할 수 없다. 더 심각한 것은 꼼꼼하지 않은 우리 아들들은 선행에서 배운 덜 익은 지식을 자기가 다 안다고 착각한다는 사실이다. 그래서 수업 시간에 집중하지 않아 탄탄하게 수학 실력을 다질 기회를 놓치고 만다.

물론 예습이 필요한 경우도 있다. 너무 뛰어난 학생인 경우, 현재 수준의 학습이 그냥 눈으로만 봐도 다 이해가 되고 문제도 술술 풀리는 정도라면 지적 호기심을 채워주는 의미에서 필요하다. 반면 타고난 이해력이 부족해 교과서 내용을 따라가기 힘든 경우에도 한 학기 정도 교과서 수준으로 예습하는 것은 도움이 될 수 있다.

아이들이 외계어로 가득찬 듯한 수학 수업에서 쉽게 포기할 수 있으니까 친숙하게 해주는 정도는 좋다. 특히 수학 이해력이 조금 부족한 경우 예습의 목적은 더욱 분명해진다. 수업 시간의 적극적인 참여, 바른 태도를 위함이다. 알아들을 수 없는 내용 투성이거나 너무 쉬운 내용만 가득해도 아이들은 집중할 수 없기 때문이다.

아들들에게 수학은 정복 가능한 사냥감이 되어야 한다. 수학은 우리 아들들이 살아갈 미래와도 연관성이 크다. 아들들이 무엇을 하고 '먹고 살지'와 연결된 진로는 이공계열 비율이 높고 이 분야에서는 수학이 필수이기 때문이다. 수학 공부 속에는 논리적 구조화의 과정, 문제 하나하나를 풀어가며 맞고 틀리고가 명확한 답을 얻어가는 과정이 있다. 원시 시대 남자들이 어떤 사냥감을 얻기 위해 여러 가지 상황을 분석하여 재구조화하고 실행하여 사냥감을 포획하는 과정과 닮았다.

이렇게 수학은 아들들이 스릴 넘치는 성취감을 맛보며 성장하여 자신의 직업을 얻는 데 유용한 과목이다. 지나친 선행으로 불필요한 공포심을 줄 필요도 없고, 실제 자신의 실력과 다르게 뭔가를 잘 알고 있다는 허황된 인식으로 공부할 기회를 놓치게 해서도 안 되는 이유다.

사내들은 인류의 역사 300만 여 년간 대부분을 사냥꾼으로 진화

했다. 이들에게 사냥감을 잡는 일은 생존과 직결된 문제였다. 사냥이 식량 문제를 해결하는 목적 지향의 분명한 행위임을 고려한다면 수학은 사냥과 너무도 닮아 있다. 사냥감의 예측되는 이동경로, 동물 분변을 통해 알 수 있는 개체 수와 이동 거리, 바람의 방향과 해의 고도를 고려한 사냥지의 위치 선정 등.

이 모든 과정은 수학의 논리성과 밀접한 관련이 있다. 그런 치밀한 논리 과정의 결과물이 사냥감의 획득이다. 수학 문제를 푸는 과정이 이와 다르지 않다. 사냥꾼의 후예인 아들들이 수학을 못 할 이유가 없다. 다만 과도한 선행이라는 삐뚤어진 학습이 타고난 수학사냥꾼인 사내들을 망치고 있는 건 아닐까? 수학에 대한 막연한 엄마의 불안으로 시작한 선행 학습이 아들들의 수학 능력을 거세하고 있는 건 아닌지 생각해보게 된다.

수학의 정석 팁

수학의 정석: 문제집 활용

1권×10번 》 10권×1번

사실 수학 문제집이 아이들 눈에는 달라보일지 모르지만 대개는 비슷한

내용과 구조를 가지고 있습니다. 문제집이 여러 권 필요한 것이 아니라

완벽하게 한 권을 마무리하는 것이 중요합니다. 저는 개인적으로 대입 본고사, 임용고사 모두 교재 한 권으로 끝냈습니다. 단 그 교재에 제가 모르는 문제는 단 한 문제도 없을 만큼 완벽하게 공부했습니다.

여러 권의 문제집을 무작정 풀다 보면, 모르는 문제는 계속 모른 채 지나가게 됩니다. 그러면서도 자신이 뭔가 많은 학습을 했는데도 성과가 없다는 생각으로 허탈감을 느끼기도 하고, 풀어야 할 문제가 여전히 많다는 사실에 부담감을 느끼고 심리적으로 위축될 수도 있습니다.

수학은 어떤 한 문제의 풀이에 대해 80% 이해해도 100% 이해하지 못했으면, 결국엔 틀리게 됩니다. 그래서 완벽한 풀이, 완벽한 연습이 중요합니다. 그러기 위해서는 문제집 10권을 1번씩 푸는 것보다 문제집 1권을 10번 푸는 것이 훨씬 강력합니다. 한 권을 완벽하게 풀었을 때 머릿속에는 수학 개념이 문제로 어떻게 나타나는지 구조화되게 됩니다. 이때는 풀어보지 않았던 처음 마주한 문제 유형도 풀 수 있게 되고 자신감이 생기게 됩니다.

꼭 기억하세요. 1권×10번 ≫ 10권×1번

수학의 정석: 복습 강화법

수학에서 복습이 그리도 중요하다고 하는데 막상 어떻게 복습을 해야 할지 다소 막연하기도 합니다. 문제풀이의 예를 들어보면 난이도가 높지 않은 문제의 경우 문제를 보는 순간 머릿속에서 그 문제의 풀이과정이 80% 이상 펼쳐졌을 때, 그 문제는 정말 자신이 잘 아는 문제로 더이상 복습이 필요하지 않은 상태라고 볼 수 있습니다. 약간 어려운 문제라면 꼭 서술형으로 복습해보기를 권합니다. 서술형 문제가 아니었더라도 학교 지필고사의 서술형 문제를 푸는 것처럼 서술형으로 풀어봅니다.

그리고 난이도가 있는 문제의 경우 꼭 방학 때 집중적으로 다시 한번 복습해줍니다. 이때는 자기 스스로에게 설명하며 풀어봅니다. 수학 문제풀이의 경우 모든 풀이 과정에서 식이 전개되며, 줄이 바뀔 때 이유 없이 바뀌는 경우는 없습니다. 즉, 어떤 개념에 의해, 어떤 법칙에 의해, 어떤 원리에 의해 풀이과정의 한 줄, 한 줄이 전개되었는지 스스로 설명해보는 연습이 필요합니다. 연습장, 작은 화이트보드 어디에 해도 무방합니다.

이렇게 복습, 복습, 복습을 하다보면 탄탄해진 자신의 수학 실력을 느낄 수 있습니다. 이것은 해 봐야지만 알게 됩니다. 일단 많이 접하고 많이 읽으면 되는 과목도 있지만 수학은 그렇지 않습니다. 정교하고 탄탄하게 쌓아가야 합니다. 그렇게 쌓인 실력이라야만 자신의 뇌 속에서 활성화되어 수학적 개념의 이해, 문제 상황의 구조화, 문제해결력으로 발휘될 것입니다.

성장하는 아들

자연 속으로,
필순아 필순아

• • • • • • 삼형제의 외가는 땅 끝보다 더 남쪽에 위치한 작은 섬이다. 어렸을 때부터 아이들은 여름을 외가에서 보냈다. 시골에 도착하여 차 문을 여는 순간 삼형제는 소리를 지르며 마당을 한 바퀴 신나게 뛰어다녔다. 탁 트인 풍경, 넓은 마당, 1층집, 아이들이 환호성을 지를 만한 환경이었다. 마당에 빨간 대야를 놓고 물을 받아 땡볕에 미지근해지면 그 안에서 신나게 놀았다. 오후에는 해수욕장에 가 모래놀이 하며 놀았다. 세련된 수영 용품과 튜브 등은 없었지만, 외할아버지가 마련한 '뱅꼬'(양식업에 사용하는 부표)를 겨드랑이에 끼고 신나게 놀았다.

이렇게 자연 속에서 시간을 보내던 어느 해 여름, 서울로 올라가려던 전 날 첫째가 말했다. "엄마 우리 여기에서 한 세 달 살다 가면 안 돼요?" 생각지도 못한 갑작스러운 질문이었기에 즉답을 못하고 있었다. "아니 여기 있으면 공기도 좋고 저 아토피도 괜찮아지고 좋잖아요!" 실제로 그랬다. 아토피가 심했던 필립은 바닷물에서 놀고 오면 피부가 호전되었다. 비염이 심해 늘 입을 헤 벌리고 자던 필홍이도 여기에서는 숨을 잘 쉬며 숙면을 취할 수 있었다. 난 육아휴직 중이었고, 막내는 유치원을 다니지도 않았다. 못할 것도 없었다. 그렇게 해서 얼떨결에 반년 간의 자연 속 시간이 시작되었다.

짐을 챙겨 다시 내려왔을 때는 식구가 한 명 더 늘어 있었다. 친정어머님께서 동네에서 갓 태어난 강아지를 한 마리 데려다 놓으셨다. 강아지 키우고 싶다며 노래를 하던 손자들을 위한 선물이었다. 강아지는 소위 말하는 '똥개'였다. 그래도 예뻤다. 아이들은 그 똥강아지에게 이름을 지어주었다. 필립, 필홍, 필원이 '여동생'이니 필순이라 불렀다.

삼형제는 내가 졸업한 초등학교와 병설유치원에 다녔다. 일과가 끝나고 셋은 스쿨버스를 타고 집에 돌아왔다. 아이들이 마당을 가로질러 들어오면 필순이는 오빠들을 열렬하게 환영했다. 뒹굴거리며 온몸으로 반가움을 표시하고 애교를 떨었다. 삼형제는 서로 필순이를 안으며 필순이에게 학교에서 있었던 이런저런 일들을 이야기하곤 했다. 필순이를 안고 시골 길을 지나 소를 만나면 인사하고, 추수가 끝난 논 위를 함께 뛰어 다녔다. 볏짚 위에 아무렇지도 않게 눕고 뒹굴었다.

그렇게 걷다 보면 바닷가에 이르렀다. 모래사장에서 거대한 댐과 수로, 광장을 만들며 자기들 나름의 고대 도시를 만들었다. 알록달록한 놀이용 플라스틱 삽이 아닌 녹슬어 못 쓰게 된 진짜 삽으로 모래를 파댔다. 파도에 부서진 조개껍질은 원형 경기장의 사람이 되었다. 아이들은 자신이 책에서 본 듯한 이야기 속 도시를 모래 위에 만들어갔다. 차가워진 바닷물에도 풍덩풍덩 들어갔다. 자유로운 그 모습에 바닷가를 찾은 관광객은 "너희들은 좋겠다. 이렇게 시골에서 실컷 놀고 커서"라고 하셨다.

나는 '촌년'이었다. 학원도, 그렇다할 참고서도 없고, 장난감이나 놀이터도 없었다. 고등학교 이후 도시에서 살게 됐지만 마음속에는 늘 고향이 남아 있었다. '보리밭 사잇길로 걸어가면'이란 가사에 눈물 흘리며 '내 고향 남쪽바다 그 파란 물 눈에 보이네'란 노랫가락에 가슴 일렁이는 감성. 내 고향에서 받은 큰 선물 중 하나는 이렇게 온 몸으로 기억하는 자연의 체취며 포근함이었다.

나름 도시 남자였던 세 아들들에게 자연 속 반년이란 시간은 큰 의미가 있었다. 엄마가 어린 시절 느낀 감성을 함께 공유할 수 있다는 점이 그 무엇보다 가치 있었다. 아들들이 원 없이 쏘다니던 논밭과 해변가. 비록 짧은 시간이었지만 함께 즐거웠던 '여동생' 필순이까지. 삼형제와 공유할 특별한 기억이 있다는 느낌에 끈끈한 '촌놈' 연대가 생긴 듯도 했다.

안타깝게도 아이들은 그때의 기억이 거의 남아 있지 않다. 그저 파편화된 짧은 장면만 떠올릴 뿐이다. 외할머니가 아이들에게 도망갔다고 알려줬던 필순이는 아이들이 서울로 가고 얼마 지나지 않아 교통사고로 무지개다리를 건너고 말았다. 사라져가는 소중한 것들을 붙들 수 없는 유한함에 진한 아쉬움이 남는다. 하지만 자연이 아이들에게 뿌려놓은 감성의 씨앗은 반드시 열매를 맺을 날이 있으리라 생각한다.

촌년이 도시에서 상처받았을 때 무릎이 꺾이지 않게 한 것은 자연이 주었던 원시적인 저력, 강한 생명력이었다. 비록 반년짜리 촌놈들일지언정 이들이 훗날 겪을 어려움에도 자연은 반드시 큰 힘이 되지 않을까. 돌아갈 수 있는 마음의 고향을 공유한 내 아들들은 거친 세상과 마주해도 자연이 준 억센 감성으로 이겨내리라. 자연이 그러하듯 촌것들도 억세고 힘이 센 법이다. 내가 그러했듯 내 아들들도!

어린이들을 숫자와 글자가 아닌 자연 속에서 뛰놀게 하라

독일의 유아교육자 프뢰벨의 말입니다. 프뢰벨의 교육 이념을 실천하는 독일의 숲 유치원이 소개되면서 국내에서도 어린이를 위한 숲 프로그램이 많아졌습니다. 그리고 도심 속 아이들의 시골 산촌 유학도 시작되었습니다.

산촌 유학은 1976년 자연체험 교육활동을 강조하는 한 단체의 실천 운동에서 시작되었습니다. 1주일, 10일간의 홈스테이 프로그램으로 진행되다 1년이라는 장기 산촌 유학 형태로 발전하였습니다. 우리나라에서는 2006년 임실 덕치초등학교의 '섬진강 참 좋은 학교 프로젝트'의 일환으로 시작되었습니다.[59] 이후 전국적으로 조금씩 참여 학교와 학생 수가 증가하였고, 최근에는 산촌 유학이 농촌 유학으로 불리고 있습니다.

국내 산촌 유학에 대한 정보는 전라북도의 농촌유학지원센터(http://www.jbfarmschool.com), 경상남도교육청의 산촌유학교육원(http://sanchon.gne.go.kr/sanchon/main.do), 농산어촌유학전국협의회(http://www.sigol-i.org/)에서 확인할 수 있습니다. 전북에서는 센터형, 농가형, 가족형 등 다양한 형태로 농촌유학 프로그램과 맛보기 체험형 프로그램도 지원합니다. 경남 산촌유학교육원에서는 주로 2박 3일의 체험 프로그램이 진행됩니다. 그리고 농산어촌유학전국협의회에서는 전국 24개 지역별 유학센터에 대한 소개를 담고 있습니다.

가정의 어려움 속으로,
"어, 아빠 가게가…"

•••••• 첫째가 초등학교에 입학한 날, 남편은 학교 바로 옆에 화덕피자집을 오픈했다. 이전 사업장을 정리하고 커피를 배우고, 파스타, 화덕피자 등을 배우며 창업 준비를 했다. 남편은 어렸을 때부터 집에 찾아오는 손님들에게 커피를 대접했을 때 좋았던 느낌, 집에 사람들을 초대해 음식을 나눴을 때의 좋았던 기억으로 작은 가게 오픈을 결정했다.

많은 자영업자가 그렇듯 우리의 작은 가게도 어려움을 겪었다. 더욱이 철저한 분석보다는 낭만적인 이유로, 실전보다는 학원에서 배운 실력으로 시작한 가게였으니 그 어려움은 상상할 수 없는 수준이었다. 남편은 생각보다 센 노동 강도에 지쳤고, 생각보다 손에 쥐는 게 없어 또 낙담했다. 남편의 힘듦은 날 선 감정적 반응으로 드러났고, 삼형제는 아빠와 노는 시간이 줄어들었고 함께 있을 때도 예민해진 아빠를 조심하느라 힘들었다.

결혼 후 한번도 남편의 일에 전혀 관여하지 않았다. 하지만 이제는 내가 나서서 멈춰야 할 때라는 생각이 자꾸 들었다. 내가 파악한 상황을 경제적 관점에서 분석했을 때 최대한 빨리 정리하는 게 합리적이라 판단되었다. 무엇보다 가게 속 남편은 자신이 잘 할 수 없는 곳에서 힘을 빼고 있는 안쓰러운 모습이었다. 힘을 쏟고 있는데 손에 쥐는 건 없고 통제하기 힘든 상황이라면 인간은 절망할 수밖에 없으니까. 내가 보기엔 적어도 그랬다. 경제적 손실로 인한 아픔보다 소중한 인생의 동반자가 소진되어가는 모습을 바라보는 슬픔이 더 컸다.

많은 우여곡절 끝에 결국 가게를 정리했다. 폐업을 앞둔 텅 빈 가게, 가게 물건 등이 하나씩 하나씩 팔려나간 가게는 을씨년스럽다. 그 분위기를 온몸으로 느낄 자신이 없어 난 폐업이 결정된 이후로 가게 앞을 지나가지 못했다. 가게에서 쓰던 물건을 제대로 볼 수도 없을 지경이었다.

어느 날 남편은 둘째를 데리고 정리 중이던 가게에 챙길 물건이 있다며 갔다. 둘째에게 아빠 가게는 따뜻하고 행복한 곳이었다. 먹는 것을 좋아하는 둘째에게 맛있는 것을 맘껏 먹을 수 있던 그 공간은 분명 좋은 기억으로 남아 있었다. 아이는 즐거운 마음으로 아빠를 따라 나섰던 것이다. 그런데 그 을씨년스러운 가게에 들어선 10살 필홍이는 "아… 아빠… 아빠 가게가…." 차마 말을 잇지 못하며 펑펑 울었다고 한다. 둘째에게 행복한 기억이 남아 있던 장소는 그렇게 폐업의 슬픔이 가득 찬 싸늘한 공간으로 기억되었다.

둘째는 그 일을 나에게 전하지 않았다. 남편을 통해 한참이 지나 이 이야기를 건네 들으며 가슴이 먹먹해지고 소리 없이 눈물이 흘렀다. 초등학생밖에 되지 않았지만 아이들은 가정의 갑작스런 경제적 상황 변화를 다 느끼고 있었다. 둘째처럼 예민하지는 않지만 현실적인 첫째는 집안의 경제 상황을 금방 알아차렸다. 그래서인지 조금이라도 경제적 부담이 될 만한 일은 하지 않으려는 듯 뭐 하나 사달라는 요구도 하지 않았다. 철없는 유치원생 막내가 "아빠 망한 거예요?"라고 말하면 첫째와 둘째는 막내를 째려보며 입을 막았다. "야, 너는 조심 안 하냐?"라고 타이르며 "아빠, 애가 눈치가 없어요. 너 아빠한테 사과드려."라며 나름 상황을 수습하려 했다. 그런 아이들의 모습이 안쓰러워 내 마음에는 조용히 비가 내렸다.

마음속에 커다란 짐을 안고 사는 것처럼 힘든 시간이었다. 그런데 남편은 힘든 상황에 죄책감까지 더해 더 괴로운 상태였다. 나는 삼형제를 위해, 가정을 위해 중심을 잡아야 했다. 먼저 힘든 시간 속에서 그 상황을 애써 아이들에게 감추려 하지는 않았다. 자세하게 말할 수는 없었지만 아이들에게 아빠 가게가 어떻게 된 것이며, 우리 집 상황이 현재 어떠한지 대략적으로 설명해주었다. 이 때 가장 중요하게 생각한 것은 누군가를 탓하는 마음이 없어야 한다는 점이었다. 혹시라도 아이들이 그 상황으로 인해 아빠를 원망하거나 존중하지 않는 마음이 생기지 않도록 마음을 썼다. 그래서 아이들에게 말했다.

"누구나 실수할 수 있어. 자영업을 한다는 것은 치밀한 준비 후에야 할 수 있는 것이었어. 누구나 잘 모를 수 있잖아. 자신의 재능이 무엇인지 모르고 재능이 아닌 일에 에너지를 쏟다 보면 쏟을수록 소진되는 자신만 마주하게 될 수도 있어. 자신이 잘 할 수 있는 일을 알아가는 것, 어떤 일을 하기 위해서는 철저한 준비가 필요하다는 점 이 부분을 우리가 배울 수 있다면 그걸로 충분해."

경제적 위기는 가정 해체의 위기로 이어지기도 한다. 대개는 경제적 손실에 더해 가족 간 원망과 불신으로 상처가 심해지기 때문이다. 나 또한 비슷했다. 그러나 그 아픔을 숨기지 않고 드러내고 함께 치유하는 과정에서 우리 가정은 성장했다. 그리고 우리 가족이 모두 함께 그 힘든 시간을 잘 지나왔다는 뿌듯함이 남는다. 아이들에게 더 좋은 것을 많이 해주지 못한 미안함과 아쉬움은 분명히 있지만.

하지만 아이들도 성장했다. 자신이 잘 할 수 있는 부분을 알아간다는 것, 무엇인가를 하고자 할 때 철저하게 준비해야 한다는 점을 온 몸으로 배웠다. 때론 너무 '돈' 이야기를 해 나를 민망하게 할 때도 있지만 아이들은 현실적 안목이 생겼다. 동네에 새로 생긴 가게가 있으면 아이들은 그 가게의 사업적 승산을 나름대로 계산한다. 그리고 폐업하는 가게를 보면 누군지는 모르지만 그 가게 사장님

힘드시겠다는 말을 하곤 했다.

우리 가정이 겪은 경제적 어려움의 시간은 '가족'이 무엇인지를 배우고 성장하는 기회가 되었다. 나는 인생의 동반자라는 의미를 알았고, 어떤 상황에서도 지키고 보호해야 하며, 내 삶에 주어진 가장 큰 미션이 '삼형제'임을 알았다. 힘든 시간을 보내다 보니 삶을 단순하게 볼 수 있게 되었기에, 내 삶의 너저분한 것들을 털어내고 정말 중요한 것만 남길 수 있게 됐다. 그렇게 '가족'이 남았다. 어떤 힘든 상황에서도 전적으로 서로의 힘이 되어 줄 '내 편'을 얻었다.

교육 지원 프로그램

가정의 경제적 어려움은 다양한 차원에서 자녀 교육에 필요한 자원의 결핍으로 이어집니다. 결핍된 자원은 아이들의 인지적, 비인지적 발달에 모두 부정적인 영향을 미칠 가능성이 높습니다. 그래서 정부에서는 이러한 결핍을 보완하고자 다양한 정책을 실행합니다.

대표적인 정책이 초·중·고 교육비 지원책입니다. 보호자는 동사무소에 방문하거나 인터넷 교육비 원클릭 신청 시스템(http://oneclick.moe.go.kr/pas_ocl_mn00_001.do)에서 접수할 수 있습니다. 소득 수준에 따라 고교 학비, 학교 급식비, 방과 후 학교 자유 수강권, 교육정보화 지원(PC 및 인터넷통신비) 등 다양한 지원을 받을 수 있습니다.

한편 경우에 따라서는 지원받고 있다는 사실을 담임 선생님이 알게 되어 아이가 낙인감을 받게 되지는 않을까 우려되는 경우도 있습니다. 그런데 신청 및 선정 결과 등에 따른 이후 필요한 행정적 절차는 학교 행정실이나 관련 업무 담당자를 통해서만 이뤄집니다. 즉 원칙적으로 담임 교사는 지원과 관련된 정보에 차단되어 있으니 큰 우려를 하지 않아도 됩니다.

가정의 경제적 어려움을 공개하고 좀 더 적극적으로 도움을 요청할 수도 있습니다. 가령 삼성꿈장학재단에서는 '멘토링 꿈장학사업'을 진행하는데 담임 교사나 교내 교사의 추천으로 일정 금액의 장학금을 지원받을 수 있습니다. 또 재단이나 시군구 등에서 제공되는 다양한 형태의 장학금도 있습니다. 대개 장학금 지원 대상자 선정은 일차적으로 담임 교사의 추천으로 이뤄지는 경우가 많기 때문에 담임 교사가 가정의 상황을 알고 있다면, 좀 더 적극적인 도움을 받을 수도 있습니다.

동네 속으로,
"저 배고픈데, 어떻게 해요?"

●●●●●● 전화기에 1633이 찍힌다. 아이들이 다니는 초등학교 전화 콜렉트콜 번호였다. "엄마, 저 배고픈데 어떻게 해요?" 초등학교 입학 후 아이들은 배고프다는 전화를 종종 했다. 다른 것도 아니고 배고프다는 아이 말에 직장에 발이 묶여 있는 내 마음은 아플 수밖에 없다.

동네에 김밥집이 생겨 자주 찾게 됐다. 삼형제를 데리고 다니면 누구라도 모두 우리를 기억했다. 주인 할머니는 "뉘 집 애들인지는 몰라도 한 집 형제인 줄은 알겠네." 하시며 아이들을 반갑게 맞아 주셨다. 김밥 집 할머니의 따뜻한 목소리를 듣고 있자니 "배고픈데 어떻게 해요?" 하던 전화가 떠올랐다. '여기라면 아이들이 배고플 때 언제든 편하게 찾아갈 수 있지 않을까?'라는 생각이 들었다. 조심스럽게 여쭤봤다. "죄송하지만… 혹시 제가 일정 금액을 미리 맡겨 두고 아이들 먹고 싶을 때 와서 먹고 가게 해도 될까요?"

김밥 집 할머니는 무슨 소리냐며, 돈을 미리 맡길 필요도 없고 애들 먹고 싶을 때 언제든지 와서 먹고 가라신다. 돈은 나중에 한 번씩 지나가는 길에 내면 된다고 하셨다. 애들이 엄청 먹을 텐데, 한참 먹고 싶을 텐데 배곯으면 안 된다며 기꺼이 부탁을 들어주셨다. 그렇게 김밥 집은 주인이 바뀐 지금까지도 삼형제의 배고픔을 해결해주는 동네 속 비상 식량 창고가 되었다.

우리 집 남자들이 다니는 동네 미용실. 아이들은 지나가다 미용실이 좀 한가하다 싶으면 들어가 이발을 하고 온다. 갑자기 아이만 가게 되면, 결제가 문제지만 미용실 사장님은 나중에 주거나 계좌로 보내주면 된다고 말씀하셨다. 그 넉넉한 말에 기대어 아이들도 편하게 다닌다.

어느 날은 첫째와 함께 갔다. 머리를 손질하시던 사장님은 아토피로 상처 난 목덜미 상태를 보시고 안타까워하셨다. "필립아, 너 이거 과자 같은 거 안 먹어야 해. 아저씨도 전에 고속버스 타고 지방 자주 다닐 때 과자 많이 사 먹었더니 아토피처럼 안 좋아지더라. 이 아토피 나아야지. 전에 보니까 길에서 과자 맛있게 먹고 다니던데, 이제 좀 줄여야지."라고 말씀하셨다. 동네 속에는 첫째가 돌아다니며 과자를 냠냠 먹는 그 모습을 지켜보는 이가 있었고, 아이의 건강을 위해 진심으로 걱정해주며 마음으로 조언해주는 어른도 있었다.

최근에는 동네마다 마을사업공모 예산 사업팀 프로그램이 늘어나고 있다. 셋째의 축구팀 아이들은 학교 친구이자 동네 친구들이다. 아이들과 프로그램에 참여했다. 큰 예산은 아니었지만 아이들과 함께 이곳저곳을 다니며 동네를 경험하는 기회였다. 동네 작은 도자기 공방 선생님과 함께 도자기를 만들었고, 동네 아주머니와 함께 바느질을 했다. 모든 활동은 동사무소 회의실에서 이뤄졌다. 그리고 동사무소 앞뜰에서 진행되는 바자회에서 아이들이 조물조물 만든 도자기와 바느질 작품을 판매했다. 초등학교 1학년 꼬맹이를 도와 판매를 진행한 이는 동네 중학생 형아들이었다. 아이들은 바자회 수익금을 들고 동네에 있는 '푸르메 재단'을 직접 방문해 기부했다. 이렇게 하나의 프로그램 활동이 마무리되었다. 아이들의 기억 속에 동네는 놀이의 공간, 나눔의 공간, 함께하는 즐거움이 있는 공간으로 기억됐다.

내게도 '동네'는 따뜻한 공간이었다. 부모님이 모두 새벽 일찍 일터로 나가신 후, 6살 여자 아이는 쌀쌀한 새벽 텅빈 집에서 혼자 깨었다. 무서운 마음에 무작정 집을 나와 동네 골목에서 '엄마! 할머니!'를 부르며 울먹였다. 그때 어디선가 나타나 내 손을 끌어 따뜻한 밥을 주셨던 동네 할머니를 기억한다. 그분의 손길은 너무나 따뜻했다. 동네에서 자라는 아이에게 마음 넉넉한 어른의 존재가 얼마나 중요한지 알려주는 소중한 경험이었다.

어린 나도 그러했듯 우리 집 아이들은 그저 크지 않았다. 부모가 없을 때 아이들을 지켜봐주던 동네 어른들이 많았다. 그들의 따스한 눈길과 배려로 아들들은 보다 반듯하게 자랄 수 있었다. 아이들이 자라서 그런 세세한 기억을 다 잊을지라도 자신이 자란 동네를 돌아보면 푸근함을 느낄 것이다. 그들의 마음에 고향이 생기는 것이다. 비록 도시의 아이들이지만 자신들의 고향을 이야기하면 그들을 바라봐주던 어른들을 떠올리리라 생각한다.

서울에서 가장 개발이 느린 이곳에도 재개발의 바람이 불고 있다. 아이들이 들르던 슈퍼도, 자주 가던 김밥 집과 미용실도, 가끔 들러 간식을 얻어먹던 도자기 공방도 언젠가는 새로움을 쫓아 사라질 것이다. 그럴지라도 자신들이 받았던 어른들의 배려를 기억하며 훗날 아들들도 또 다른 누군가에게 세세한 관심을 베풀었으면 한다. 마을과 공동체가 사라지는 이 시대에 아이들의 기억 속에서 그런 흔적이 조금이라도 남았으면 좋겠다. 아들들이 어른이 되었을 때, 자신보다 어린 누군가를 따스하게 안아줘서 마음의 고향을 이어가길 바란다.

한 아이를 키우려면 온 마을이 필요하다

이 말은 아이의 성장에 가정뿐 아니라 아이의 이웃이나 주변 사람들의 관심이 중요함을 보여주는 아프리카 속담입니다. 최근 시행되는 마을 사업, 마을교육공동체, 마을결합형학교 등 교육청의 주요 정책 사업 이름에도 '마을'이 등장합니다. 이런 정책 배경에는 아이들의 성장에 마을의 역할이 중요하다는 인식이 전제되어 있습니다.

우리가 자랐던 마을에 대한 기억, 우리 아이들이 자라고 있는 지금 마을에 대해 생각해보면 지역사회가 아이들 성장에 얼마나 중요한지 알 수 있습니다. 예를 들어 청소년 비행은 지역 환경과 매우 밀접한 관계가 있습니다. 마을 주민들이 어떤 규범과 가치를 공유하고 이를 실현하기 위해 노력하지 않는다면 그 마을의 유대감은 약해질 수밖에 없습니다. 그리고 이런 마을에서는 주민들 서로가 마을 아이들에 대한 자연스러운 감독과 돌봄의 역할도 하지 않기 때문에 비행이 증가할 수 있습니다. 반대로 마을 내에서 자신을 지지해 주며 일상생활 중에서도 교류할 이웃이 있는 경우 아이들의 비행 가능성은 낮아지고 건강하게 성장할 수 있었습니다.[60]

내 아이뿐 아니라 함께 자라나는 아이들이 안전하게 자랄 마을을 위해 참여할 수 있는 방법이 여러 가지가 있습니다. 사실 마을이 주목받고 정책으로 발전한지는 오래되지 않았습니다. 전국적으로 2015년에는 8,184개의 마을공동체가 있지만 2006년에는 28개에 불과했습니다.[61] 그리고 지자체에서는 이러한 마을공동체, 마을 사업을 지원하기 위한 지원센터도 운영합니다.

한국마을지원센터연합(http://www.koreamaeul.org/)에서는 전국 지원센터 정보를 종합적으로 정리해서 제공해줍니다. 주위를 살펴보면 나와 내 아이가 자라가는 마을을 좀 더 건강하게 만드는 데 할 수 있는 일이 분명 있습니다. 그렇게 적극적으로 참여하는 과정에서 내 아이도 더 건강하게 성장해 가리라 기대합니다.

세상 속으로,
"오늘 제가 발표할 주제는"

•••••• 주말에 집으로 돌아오며 광화문을 지나가게 됐다. 반이상이 통제된 도로 위에서는 같은 옷을 입은 사람들이 결연한 표정으로 행진하고 있었다. 삼형제는 한 마디씩 했다. "엄마 뭐예요? 왜 행진하는 거예요? 어디에서 나온 거예요?" "엄마 근데 너무 민폐 아니에요? 아, 진짜 차 막히고 말이에요." "저 사람들은 꼭 저렇게 밖에 못해요?" 아이들은 궁금증과 동시에 불평을 쏟아냈다.

광화문은 우리나라의 정치적 이슈, 집단 간 갈등이 첨예하게 드러나는 곳이다. 세월호 진상 규명을 위한 단식 투쟁과 이를 조롱하는 폭식 투쟁이 있었다. 대통령 탄핵 찬성 집회가 몇 달간 지속되었고, 지금은 정부 비판 집회가 진행 중이다. 좁은 통로를 두고 서로 다른 주장을 외치는 그 집회 참가자들 사이를 지나오다 보면 험악한 말들이 오가기도 한다. 다양한 주장이 담긴 현수막도 온 도로에 걸려 있다.

삼형제는 광화문에서 집으로 돌아오는 버스를 기다리다 현수막에 실린 글들을 읽게 된다. 가끔 시위로 도로가 통제돼 버스가 우회한다는 안내 글이 안내판에 나오면 교보빌딩에서 경복궁역까지 걷게 된다. 아들들과 광화문 광장을 가로 질러 걸어가면 집회 참가자들의 목소리를 가까이에서 듣기도 한다.

누군가는 광화문 근처 집회로 인한 교통체증 문제가 이 동네 집값에도 부정적인 영향을 준다고 말한다. 또 다른 누군가는 사회적 갈등이 드러나는 집회가 아이들이 보기에는 적절하지 않다고 말하기도 한다.

그러나 내가 이 동네를 좋아하는 이유 중 하나는 첨예한 사회적 갈등이 공론화되는 광화문이 가까이에 있기 때문이다. 말도 못하게 막히는 도로, 갑자기 우회하는 버스로 인한 고생 정도는 감수할 수 있다. 그 덕에 삼형제는 자신이 살아갈 이 사회를 가까이에서 느끼고, 옳고 그름과 합리적 대안을 고민해보게 된다. 엄마로서 불평하는 아이들에게 말한다.

"저 단체에서 저렇게 자신의 주장을 소리라도 지르지 않으면 힘없는 자신들의 말을 들어주지 않는다 생각해. 그리고 저 집회는 모두 사전에 신고한 합법적인 집회야. 민주주의 사회에서 허용되는 권한이기도 하고. 사람들은 서로 엄청 다른 생각으로 자신의 가치나 이익을 추구하며 살아가고 있어. 지금 우리가 불편한 건 사실이지만, 저 사람들이 무슨 주장을 하는지, 왜 저렇게 주장하는지를 생각해봐야 해."

삼형제가 자신이 살아갈 우리 사회를 좀 더 객관적인 시선으로 바라보고 세상을 이해해 가길 바라는 마음에서 신문을 읽고 자신의 생각 발표하기를 시작했다. 신문 읽기는 우리 사회에 무슨 일이 일어나지에 관심을 갖게 하고, 그와 관련한 생각을 키워가는 기회를 준다. 첫째와 둘째는 일주일에 2번 온 가족이 모인 자리에서 자신이 신문에서 읽은 주제에 대해 3분 정도 발표한다.

"제가 오늘 발표할 주제는 2018년 3월 10일 한국일보 기사인 '보육원생들의 슬픈 성년식'입니다." 보육원생들이 만 19세가 되면 보육원을 나와 자립해야 하는데 실제로 취업하지 못하거나 진학하지 못한 학생들도 많았다. 이들이 당장 지낼 거처가 마땅치 않은 현실에서 자립지원금이 실질적인 효과가 없다는 내용이었다.

아들은 자기와 나이 차이가 많지 않은 보육원생들이 만 19세라는 이유만으로 자립을 강요당하는 현실에 놀랐다. 그리고 자립지원금 500만 원이 현실적인 금액이 아니고, 실제로 이 돈을 관리할 수 있는 능력이 부족해 성형과 같은 엉뚱한 데 사용하는 현실도 지적했다. 적어도 아이들이 안정적으로 거주할 공간은 마련해줘야 한다는 주장을 했다. 이렇게 아이는 신문에 담긴 세상을 배우고 관련된 자료를 찾아보고 자신이 생각하는 대책도 생각해봤다. 한 사람이 발표가 끝나면 서로 질문과 답변을 주고받는 시간도 가진다.

이런 훈련의 결과였을까. 둘째와 셋째가 말다툼을 하면 종종 '증거'나 '근거'에 관한 말이 나온다. 훈련을 받았으니 실전에 바로 적용하는 것이다. 물론 전체의 흐름이 결코 논리적이지 않지만 그 모습을 보면서 아들들에게는 논리적인 사고나 대화가 잘 맞아 보였다. 언어 능력은 딸들이 더 우수하다고 하지만 논리적인 말하기가 훈련된다면 아들들에게는 큰 무기가 생기는 셈이다. 아들들이 우수한 논리적인 사고를 타고나더라도 논리적인 말하기는 철저한 훈련의 산물일 수가 있다.

첫째 형의 진지한 발표에 막내가 뜬금포 질문을 던져 오히려 형들의 핀잔을 듣고 있다. 입을 삐쭉 내밀었지만 논리에서 밀리는지 말이 없다. 좀 엉뚱하지만 나름 괜찮은 지적이었다고 내가 동생을 두둔하자 첫째와 둘째가 엄마에게 야유를 퍼붓는다. 설득력 없는 이야기에는 부모의 권위도 먹히지 않는다.

광화문에서 아이들이 직접 보고 느꼈던 것처럼 신문에 담긴 우리 사회는 밝고 희망찬 모습보다는 어둡고 암울한 문제가 많아 보인다. 지나가는 사람들이 자신의 목소리를 놓칠세라 광화문 광장에서 목청껏 소리치는 시위대들. 다소 자극적이고 때로는 이해할 수 없는 주장 가득한 세종로의 현수막들. 이들을 교재 삼아 아들들과 이야기 나눈다. 그러면서 사람의 마음을 움직이는 것은 목소리의 크기가 아니라 정확한 논리력 또는 감성이라고 일러준다.

그렇게 우리 가족은 매주 '논리적 말하기'를 훈련한다. 거기서 그 누구도 소리 지르지 않는다. 하지만 비판은 매섭고 반박은 맹렬하다. 이 차가운 이성의 설전이 아들들을 세상 속으로 강하게 나아가게 할 원동력이 되리라 생각한다.

청소년의 사회참여

2018 청소년실태조사에 의하면, 우리나라 청소년의 87.6%는 사회문제나 정치문제에 관심을 갖고 참여할 필요성을 느끼고 있었고, 이 수치는 점차 증가하고 있습니다.[62] 그런데 필요성 증가와 별개로 청소년들이 청소년 참여기구에 대해 알고 있는 경우는 11.5%, 실제 활동 경험은 단 2.2%에 그쳤습니다.[63]

청소년들의 사회참여 방식은 크게 두 가지 방법을 생각해볼 수 있습니다. 하나는 직접 단체에 가입하여 활동하는 방법입니다. 청소년특별회의, 청소년참여위원회, 청소년운영위원회와 같은 여성가족부 및 지방자치단체에서 설치한 기구나 민간 청소년참여기구 등에서 활동하는 방법입니다. 가령 시의회 청소년 지방자치 아카데미 참여나 아름다운재단의 청소년 사회참여를 여는 활동가 네트워크 등이 있습니다.

청소년참여포탈(http://www.youth.go.kr/ywith/index.do)에서는 다양한 참여활동 정보를 체계적으로 제공합니다. 또한 최근에는 새로운 교육정책에도 학생들의 의견을 적극 반영하고자 청소년들의 참여를 권장합니다. 자신이 다니는 학교, 자신에게 가장 직접적인 영향을 주는 교육정책이 어떻게 입안되는지 그 과정에 참여해보는 것도 의미 있다 여겨집니다. 더 나아가 이러한 활동 경험을 바탕으로 '청소년사회참여발표대회'와 같은 대회에 참여해 보는 것도 좋은 경험이 될 것입니다. 또 다른 참여 방법은 사회현상을 담고 있는 데이터에 관심을 갖는 방법입니다. 예를 들어 통계청 국가통계포털(http://kosis.kr/serviceInfo/kosisIntroduce.do)에서는 경제·사회·환경 등 16개 분야 국내 주요 통계를 연도별, 지역별로 모두 제공하고 있습니다. 그리고 한국교육학술정보원에서는 우리나라 교육 현황을 세밀하게 보여주는 교육 공공데이터를 제공합니다.

이러한 데이터 탐색을 통해 우리 사회를 이해할 수 있고 자신이 앞으로 어떤 분야에서 어떤 역할을 할지 안목을 키울 수도 있습니다. 또한 이러한 데이터를 활용해 우리 사회 현상을 분석하고 나름의 결론, 제안점을 도출할 수도 있습니다. 해마다 열리는 '전국학생통계활용대회', 2019년 처음 열린 '교육 공공 데이터 활용대회'와 같은 대회에 도전해보는 것도 의미 있는 사회참여의 한 형태라 생각합니다.

세상 속으로, 진정한 독립 준비

• • • • • • 아이들에게 20살이 되면 독립해야 한다는 점을 자주 강조했다. 초등학교 2학년이던 첫째가 말했다. "엄마 그런데 결혼할 때까지는 같이 살면 안 돼요? 결혼하면 색시도 버니까 그래도 살 만하지만 혼자는 힘들 것 같은데요?" 어린 아이의 진지한 이야기에 크게 웃었다. 아이는 20살 독립 상황을 구체적으로 생각해보았고, 그 독립에서 경제적 여건이 매우 중요함을 직감하고 있었다.

둘째 아이가 초등학교 3학년 때 방과 후 티볼 교실에서 만난 4학년 형 이야기를 들려줬다. "엄마 4학년 형이 있는데요. 그 형은 말을 엄청 공손하게 해요. 심지어 나한테도 그래요." "그렇구나. 그런 본받을 형이 있어 좋네. 그 형 말을 들으니까 너도 기분 좋지?"라고 대답했다.

그런데 아이의 답이 의외였다. "그 형 집이 좀 잘 사나 봐요. 아무래도 집안 형편이 좋으니까 부모님도 여유가 있고 아이한테 좋은 말투를 쓰고 교육도 잘하지 않았겠어요?" 초등학교 3학년밖에 되지 않은 아이 눈에도 집안의 경제적 상황이 부모의 자녀 양육 태도에도 영향을 미치고 있음이 보였던 것이다.

초등학교 3학년 때 막내는 시골 외가에 다녀와서 궁금한 점이 생겼다. "엄마 왜 할머니는 할아버지랑 두 명만 사시는데 집이 우리 집보다 훨씬 커요? 시골 집은 얼마예요? 그 돈이면 서울에서는 어떤 집을 살 수 있어요? 저도 나중에 시골 가서 살 거예요. 서울은 집값이 너무 비싸서 살기 힘든데 시골에서는 좀 맘 편하게 살 수 있겠죠?" 우편물에서 K대 교우회 신문을 찾아온 막내는 말했다. "엄마 저는 K대나 S대 갈 거예요!" 뜬금없는 아이의 말에 "왜 그렇게 생각했어?"라고 물었다.

그러자 필원이는 "K대나 S대 가면요. 좀 편하게 살 것 같아요. 취직도 잘 할 수 있을 것 같고요."란다. 조그만 아이였지만 막내는 성인이 된 자신의 경제적 상황을 고려하고 있었다. 자기가 살 집을 마련해야 한다는 현실적인 부분부터, 좋은 학벌이 좋은 직업과 경제적 안정으로 이어지진다는 생각까지 하고 있었다.

아이들이 현실적인 '돈' 이야기를 아무렇지도 않게 하는 모습이 당황스럽기도 했다. 특히 아들들이 친구들 사이나 다른 어른들 앞에서도 그런다면 '애답지 않게 돈돈돈 하는 속물'로 낙인찍힐까 봐 민망해졌다. 사실 나는 돈 욕심이 없는 사람이라고 생각하고 살았다. 특별히 크게 갖고 싶은 물건도 없었고 돈을 많이 모으고 싶다는 욕망도 없었기 때문이었다. 나는 '돈' 이야기를 하는 것 자체가 부끄러웠는데 아이들 입에서 술술 나오는 '돈' 이야기는 참 민망했다.

돌이켜보면 나는 돈으로부터 자유로운 존재가 아니었다. 가정의 경제적 어려움 속에서 '돈 문제'가 아이를 대하는 내 태도에 영향을 미쳤음을 부인할 수 없기 때문이다. 아마 둘째도 그래서 가정형편과 부모의 양육 태도가 매우 중요한 관계가 있음을 직감했을 수 있다. 아이 셋을 데리고 더 작은 집으로 이사할 때마다 "이 집은 언제까지 살 수 있는 집이에요?"라고 말했던 필원이에게 자신이 성인이 됐을 때 최소한의 거주할 곳을 마련하는 일은 중요하게 인식됐으리라.

막내 언어치료, 놀이치료를 진행하며 양육 상담을 받으며 그 상담비가 부담스러워 마음이 괴로웠다. 정서를 위한 상담을 진행하는데 상담비에 대한 부담감으로 내 정서가 평온하지 못했을 때 비참했다. 이렇게 자신의 모습을 냉철하게 들여다보니 난 돈 욕심 없는 사람이 아니라 돈에 대한 개념이 초등학교 2, 3학년 수준에도 못 미칠 뿐이었다.

아들 키우는 엄마들에게 아들의 경제적 능력과 독립은 정말 중요하다. 아이들 친구 엄마들과 이야기하다 보면 이런 말을 한다. "남자니까 자기 처자식은 먹여 살리게 가르쳐야 하잖아요." 자기

밥벌이를 넘어서 가정 부양자의 역할을 제대로 수행할 능력을 갖추게 해야 한다는 부담감이 아들 엄마에게는 있다.

노후에 가장 조심해야 할 존재가 40~50대 아들이라고 한다. 제대로 경제적으로 독립하지 못한 40~50대 아들에게 노후자금을 내어주고 힘든 시기를 보내는 사례가 많기 때문이다. '돈 개념'을 갖추고 경제적으로 독립한 아들이 아니라면, 부모의 노후는 경제적으로 어려울 뿐 아니라 아들과의 관계도 어그러질 게 뻔하다. 이상적인 가치가 아닌 실질적인 이유로 아들의 경제적 독립을 위해 20살 이전까지 열심히 훈련해야 함을 알았다.

삼형제가 성인이 되어 한 사회 구성원으로서 경제적으로 독립하기 위해 어떤 훈련이 필요할까 고민했다. 무엇보다 돈 이야기를 금기시하는 자세부터 바꿔야 했다. 먼저 아이들에게 우리 집의 재정 상황을 다 공개했다. 수입이 얼마고 지출이 어떤 항목에 어느 정도 규모인지를 공유했다. 그리고 아이들에게 자신의 행위가 어떻게 수입 및 지출로 이어지는지 자각할 수 있게 했다.

예를 들어 목이 아파 20만 원의 거금을 들여 운동 치료를 다니는 첫째에게 스스로 운동을 열심히 하는 행위는 지출 규모를 줄여주는 결과로 이어진다고 알려준다. 그리고 원래도 하던 집안일이었지만, 일의 성격에 따라 돈으로 환산된 가치를 부여했다. 예를 들어 거울 닦기와 세면대 정리는 500원이라는 수입 증가로 이어진다. 집안일 별로 가치를 부여하는 과정에는 가족 전체가 참여해 의견을 수렴해 결정했다.

한편으론 자신의 행위를 돈으로 환산된 가치로만 인식하게 되지 않을까 우려스러운 마음도 있다. 하지만 돈의 출처가 어디인지 분명하게 인식하고 이것을 얻기 위해서는 반드시 일을 해야 한다는 것. 또한 내가 번 돈은 관리하지 않으면 어느새 사라져버리는 존재이기에 철저하게 살피고 아껴야 함을 알아야 한다. 그래야 내 아들이 진정으로 돈으로부터 자유롭게 살아가리라 생각한다.

이런 면에서 부모의 소득이 그냥 오는 것이 아님을 아는 것도 중요하다. "엄마가 다 알아서 할 테니 너는 돈 걱정하지 말고 공부나 열심히 해!"라는 것이 가장 나쁜 경제교육이 아닐까. 돈은 어른들이 어디서 그냥 쉽게 마련하는 것이라 여기지 않게 가르치는 일이 자본주의 사회에서 내 아들이 경제적으로 독립할 수 있는 첫걸음이라 생각한다.

아들들의 경제적 독립이란 말이 듣기는 좋아도 갑자기 가르치기는 만만치 않다. 매일의 실천과 부모와의 솔직한 돈 이야기가 일상이 된다면, 아들들의 경제적 독립은 좀 더 구체화될 수 있을 것이다. 수년 내에 다가올 아들들의 경제적 독립에 소심한 박수로 격려를 보내본다. 이들의 독립운동이 성공하길 바라는 2019년의 광복절에.

금융 지능 FQ(Financial Quotient)란 금융 분야에서 지성을 나타내는 태도나 특성, 자신이 소유한 금융지식을 자각하고 합리적인 선택을 하며 충동적인 결론을 제어할 수 있는 능력을 의미합니다.[64]

우리나라 FQ는 어떨까요? '2018 전국민 금융이해력 조사' 결과, 우리나라 성인의 금융이해력은 OECD 평균보다 낮은 수준이었습니다. 한 전문가는 OECD 국가에서 FQ는 생존의 도구며, 돈은 나쁜 것이 아니라 좋은 수단으로 여겨야 함을 강조합니다. 이제는 돈 이야기를 터부시하는 사회 분위기를 깨고 금융이해력을 높여야 할 필요성이 제기되고 있습니다.

FQ와 관련하여 EBS 다큐 프로그램[65]에서는 흥미로운 조사를 진행하였습니다. 전국 초등학교 고학년 학생을 대상으로 한 조사 결과, 여러 항목 중에서 신용과 부채 관리 점수가 가장 낮았습니다. 학생들이 신용 관리의 중요성을 알고 있지만, 신용카드를 어떻게 써야 할지, 빚은 어떻게 갚아야 하는지에 대한 이해력은 낮은 현실을 보여줍니다.

한편 FQ가 높은 아이들은 정기적으로 용돈을 받는 경우였습니다. 이는 스스로 돈을 접촉하면서 관리 능력이 향상되었기 때문이었습니다. 아이들에게 용돈을 정기적으로 주고, 용돈 기입장을 이용해 관리할 수 있게 하는 것도 좋은 방법이 될 수 있을 것입니다.

이 프로그램에서는 부모와 청소년의 경제 인식에 관한 조사 결과도 다뤘습니다. 흥미로운 점은 자녀는 부모보다 가정의 경제 상황을 낙관하고 있었다는 점입니다. 아이들은 부모의 소득 수준을 실제 소득보다 더 높다고 생각했고, 사회적 위치를 더 높게 인식했으며, 주변과 비교한 생활 수준도 더 높다고 생각했습니다. 즉 실제 자신의 가정 형편을 잘 모르고 있었습니다.

그럼에도 아이들은 부모님이 앞으로도 자신에 대한 투자를 지속적으로 해줄 거라 기대하고 있었습니다. 결과적으로 자녀의 이런 인식은 돈에 대한 자립심을 낮추게 됩니다. 그리고 성인이 되어서도 경제적으로 독립하지 못할 가능성이 높아집니다. 그러니 자녀가 가정의 경제적 상황에 대해 제대로 이해할 수 있도록 아이들과 이야기를 나눠야 합니다.

사실 성인인 우리도 FQ가 높지 않습니다. 그리고 자녀의 FQ를 높이기 위해 무엇을 해야 할지는 더 막막하기도 합니다. 이때 도움을 받을 수 있는 사이트가 있습니다. 바로 금융감독원의 금융교육센터(http://www.fss.or.kr/edu/main.jsp)입니다. 이 사이트에서는 자신의 금융지식 정도를 테스트해볼 수 있습니다. 또 초등학생, 중학생, 고등학생, 대학생/성인 등 생애주기별 금융교육교재, 교육용 보드게임 등 다양하고 체계적인 정보를 제공받을 수 있습니다.

자신만의 길로, 학교 밖! 생활의 달인 필홍

● ● ● ● ● ● ● 결혼기념일이었다. 집에 오니 예쁜 빨간색 꽃 화분과 편지가 놓여 있었다. "엄마, 제가 엄마 결혼기념일이라 준비했어요. 저기 집 앞 꽃집 있잖아요. 엄마가 예쁘게 보는 것 같길래 그 꽃 샀는데 맘에 드세요? 근데 엄마, 엄마! 저 완전 운 좋아요. 꽃집에 엄마 아빠 결혼기념일 선물 산다고 했더니 만 원인데 오천 원에 주셨어요. 용돈 다 쓸까봐 걱정했는데 완전 좋죠? 엄마 제가 편지도 썼죠. 보세요." 편지를 폈다. 아직도 맞춤법, 띄어쓰기, 글씨는 부족함 투성이었지만 필홍이의 그런 부족한 부분은 예쁜 꽃에 담긴 마음으로 덮히고도 남았다.

"엄마, 저 학교에서 옆 반 선생님한테 칭찬도 받고 사탕도 받았어요." "어 잘했네, 어떤 일로 칭찬 받았어?" "그니까요. 제가 새까만 밀대를 하얗게 만들어줬거든요. 아니 옆 반 애들이 걸레를 빨

줄 모르더라고요. 그래서 제가 이렇게 이렇게 하는 거다 하면서 빨아줬죠. 그랬더니 옆 반 선생님이 사탕 주셨어요." 사실 맨손으로 내 아이가 남의 반 걸레까지 빨았단 생각에 마음 한켠으론 속상하기도 했다. 하지만 요즘 같은 세상에 그런 일을 할 수 있다는 것과 남을 위해 선뜻 나서서 도울 수 있는 필홍이의 마음이 예뻤다.

매년 3월에는 목이 아프다. 직업병의 일종이다. 그때마다 필홍이는 따뜻한 물을 한 잔 건네준다. 피곤하다고 누우면 이부자리를 정리해주고 편히 주무시라고 이불까지 덮어준다. 따뜻한 말로 "엄마 피곤하시니까 푹 쉬세요. 엄마 피곤하실만 해요. 엄마, 엄마 건강도 중요하니까 너무 무리하지 마세요. 아, 그리고 엄마 제가 밥도 해놨어요. 집에 왔는데 밥이 없더라고요."라고 따뜻한 말을 건넨다. 상대방의 필요를 읽고 배려하고 따뜻한 말 한마디 건넬 수 있는 마음과 빈 밥통을 보고 쌀을 씻어 밥을 할 수 있는 필홍이 모습이 참 대견하다.

외식을 하고 식당 문을 나설 때마다 둘째는 이렇게 인사한다. "잘 먹었습니다. 참 맛있네요. 다음에 또 올게요." 사장님은 미소 지으시며, "인사를 너무 예쁘게 잘하네. 다음에 꼭 또 와라. 더 맛있게 해줄게."라는 말과 함께 사탕을 한 움큼 아이 손에 쥐어주신다. 아들은 이렇게 세상 속에서 만난 여러 사람을 통해 자신이 무엇을 잘하는지 알아간다. 그리고 그때마다 받는 긍정적 피드백을 마음속에 쌓아가며 자신감도 뿜뿜 높아간다.

동네에 새로 생긴 가게가 있으면, 먼저 문을 열고 들어가 인사를 하는 둘째. 덕분에 난 동네에서 '필홍이 엄마'로 통한다. 이 아들에게 학교 밖 세상은 낯선 어른만의 것이 아닌 자신의 생활 속 주 무대가 되는 듯하다. 그래서일까? 필홍이는 학교 밖에서 더욱 빛난다. 학교 안 학습보다는 걸레 빨고 밥하는 생활 능력이, 그리고 누군가를 도와주고 따뜻한 말을 건네고 선물을 준비할 수 있는 배려심이, 낯선 곳에서도 밝게 인사하고 관계를 만들어갈 수 있는 사회성이 뛰어난 아이다. '학교 밖 생활의 달인'이라고나 할까?

사실 초등학교에 입학한 이후로 필홍이가 학교 학습에서 반짝였던 적은 없다. 받아쓰기 20점도 받았고, 성적표에는 '노력 요함'도 적지 않았다. 중학생이 되어 수준별로 진행되는 영어 수업에서는 '하'반에 속해 있다. 그러나 필홍이는 누구보다 당당하다. 아마도 자신이 빛나는 곳을 알고 있기 때문이지 않을까 싶다.

동네에서 만나는 이들은 "필홍이는 인사도 잘하고 참 싹싹해요. 나중에 이런 애가 참 잘 살 거예요."라는 긍정의 메시지를 보내준다. 이것이 울림이 되어 아들은 학교 밖 생활의 달인이 되어 간다.

내 아이의 삶이 학교 안 학습으로만 결정되는 건 아니라 믿는다. 적어도 앞으로 우리 아이들이 살아갈 세상에서는 더욱 그렇다. 둘째가 반짝일 수 있는 그곳에서 더욱 크게 인정받을 수 있도록 아이의 성장을 뜨겁게 응원한다.

OECD에서는 3대 생애핵심역량으로 '도구의 상호작용적 활용 능력', '이질적인 그룹과의 사회적 상호작용', '자율적 행동'으로 제시하였습니다. 이를 위해서는 협동, 인간관계, 갈등관리, 행동 능력 등이 중요합니다. 한편 최근 2015개정 교육과정에서는 창의융합형인재를 인재상으로 설정하였습니다. 그리고 '자기관리', '지식정보처리', '창의적사고', '심미적감성', '의사소통', '공동체' 등의 역량을 핵심 역량으로 제시하였습니다.

〈10년 후 대한민국 미래 일자리의 길을 찾다〉라는 보고서에 따르면, 미래 일자리를 둘러싼 사회 환경은 가치와 지식 창출을 위한 휴먼 네트워크가 강화되는 방향으로 변화될 것이라고 합니다. 이런 면에서 미래 사회에서 요구하는 인재상의 핵심 중 하나가 협업과 의사소통에 있음은 당연한 결과입니다.

보고서에서는 미래 사회에 생겨날 신종 직업들로 로봇 엔지니어, 노년 플래너, 가상 레크레이션 디자이너, 기후변화 전문가, 요리사 농부, 테크니컬 라이터, 사용자 경험 디자이너, 홀로그램 전시기획가, 스마트 교통 시스템 엔지니어, 우주여행 가이드, 첨단과학기술 윤리학자, 아바타 개발자 등을 제시하였습니다. 직업 이름부터 낯선 직업 세계를 준비하고 살아갈 아이들에게 지금 알고 있는 직업만으로 진로를 규정짓는 자세는 걸림돌이 될 수도 있습니다.

우리가 살았던 시대에서 요구했던 역량이 아닌 아이가 살아갈 세상에 필요한 역량을 키워가며 성장하도록 지원하고 싶습니다. 이를 위해 정보가 필요합니다. 다양한 채널을 통해 정보를 접할 수 있지만, 우선 진로정보망 커리어넷 사이트(www.career.go.kr)를 이용해보시는 것도 좋습니다. 초중고 학령별 진로, 진학 자료를 제공하고 있고, 적성 유형별로 필요한 해당 능력을 제시해 주며, 관련 직업도 소개해줍니다. 사이트에서 제공하는 진로 관련 용어, 직업 및 학과 정보 등을 탐색하다 보면, 우리 자녀만의 재능 중 미래 사회 핵심 역량과의 연결 고리가 좀 더 구체적으로 떠오를 수 있습니다.

자신만의 길로,
푸르메 어린이 영웅 필홍!

• • • • • • 집 앞에 소박한 도자기 공방이 있다. 이사 오면서 동네 풍경에서 제일 먼저 눈에 들어오는 곳이었다. 손으로 조물거리는 것을 좋아해 도자기를 배우고 싶어 했던 필홍이에게 딱이었다. 일주일에 한 번, 두 번, 세 번 점점 자주 다니게 되었다. 사실 둘째에게 도자기 공방은 방과 후 도자기 수업뿐 아니라 놀이터와 같은 즐거움이 있는 방과 후 돌봄의 공간이기도 했다.

그런데 너무 열심히 다녀서 필홍이의 작품이 과도하게 많이 쌓여갔다. 아이가 손길이 닿은 '작품'은 완성도와 관계없이 엄마와 아이 모두에게 소중하다. 그래서 모두 잘 모셔뒀지만 어느 순간 정리할 수 있는 수준을 넘어섰다.

이 '작품'들을 어떻게 하면 좋을지… 궁리 끝에 '아, 이 작품으로 바자회를 하면 어떨까' 하는 생각을 했다. 초등학교 1학년 아이가 만든 '작품'을 작품으로 봐줄 수 있는 자리를 마련하기로 한 것이다. 가족, 동네 친구를 초대한 작은 바자회에서 아이가 만든 작품의 수준은 중요하지 않다. 아이의 작은 성장을 나눌 수 있는 훈훈한 마음 나눔이 있을 테니까.

둘째와 바자회 계획을 의논했다. 친구들을 초대한다는 데 신났다. 그러다 바자회를 좀 더 의미 있게 마무리하면 어떨까 하는 생각이 들었다. 그래서 필홍이와 함께 상의해 동생이 언어치료를 다니던 푸르메 재단에 바자회 수익금을 기부하는 계획을 세웠다. 자신의 작은 손으로 만든 작품으로 몸이 불편한 어린이의 재활을 도운 경험이 아이가 성장하는 과정에서 새로운 의미로 다가오길 바라는 마음으로.

토요일 오후 그렇게 초등학교 1학년, 고사리 손으로 조물조물 만든 투박하지만 작고 귀여운 도자기 '작품'으로 집에서 바자회를 열었다. 작품에는 100원, 300원, 1000원, 2000원 삐뚤빼뚤 쓴 가격표를 만들어 붙였다. 손님을 맞이하기 위해 셔츠까지 갖춰 입었다. 둘째는 계산에는 자신 없었지만 사람들을 불러 모으고 바자회의 의미를 설명하는 일에는 자신 있었다. 계산은 형에게 부탁했다. 친구, 이웃들에게 자신의 작품을 설명하고 수익금을 어떻게 쓸 거라고 설명하는 필홍이의 목소리에는 즐거움이 있었다.

그렇게 집 거실에서 열린 필홍이 작품전 겸 작은 바자회가 끝나고 정리해보니 33,300원이 되었다. 3이 셋이라 삼형제에게 더욱 의미 있는 33,300원을 봉투에 담아 푸르메재단에 방문했다. 아이는 바자회 동안 많은 격려를 받고 어깨가 으쓱했다. 재단에 바자회 수익금을 전달하며 받은 칭찬, 푸르메 소식지에 실린 자신의 사연은 아이에게 소중한 경험이 되었다.

이 기부를 인연으로 필홍이는 푸르메재단 창립 10주년 행사에 초대되었고, 푸르메 어린이 대표가 되어 영웅 망토를 받았다. 알고 보니 푸르메재단 창립일이 바로 필홍이 생일이기도 했다. "정말요? 제 생일하고 같아요?" 필홍이는 더욱 들떴다. 큰 무대에 올라가 긴장하고 떨렸지만 두고두고 자신의 영웅 망토를 자랑스러워한다. 그 후에도 우리 가족이 일일 ARS 전화 모금자로 참여하기도 하였다. 작은 고사리 손으로 빚은 도자기에서 시작된 필홍이의 푸르메 기부 활동은 자신감을 '뿜뿜'하는 계기가 되었다.

푸르메가 심어준 자신감 뿜뿜을 계기로 필홍이는 학교 밖에서 더욱 빛났다. 4학년 때부터 장애인 아동과 비장애인 아동이 함께 다양한 활동을 하는 평화캠프의 '인연맺기학교'에 참여했다. 실제로 비장애인 아동은 거의 없었다. 자신과는 조금 다른 자폐나 지체 장애인 친구들을 자연스럽게 이해해 가는 시간이었다. 그리고 그 친구들과 필홍이는 지나친 배려나 거리두기가 아닌 지극히 자연스러운 '친구'가 되었다.

그렇게 초등학교를 졸업하고 이제 중학생이 된 필홍이는 대학생 자원봉사자 쌤들과 더불어 보조 선생님으로 함께 한다. 그 단체에서 중학생으로는 처음이라며 자부심이 대단하다. 초등학교 6학년 담임 선생님이 너무 좋아서 자기도 선생님이 되고 싶다고 노래 부르던 필홍은 "엄마, 저는 꿈을 이뤘어요. 저도 쌤이라고요, 바람개비 필홍쌤"이라며 즐거워한다. 교통카드 하나 들고 서울 시내 여기저기 찾아다니며 최선을 다해 참여하는 필홍이는 분명 학교 밖에서 주목받는 아이다.

인연맺기학교 선생님 사전 모임을 마치고 돌아온 둘째가 좋알거린다. "엄마, 제가 다음 주에 대표 선생님이라서요. 이 활동을 준비해야 해요. 잘 해 봐야죠." 그리고 이번 주 자신이 대표 선생님으로 어떤 활동을 했으며, 이것이 어떤 의미가 있는지 등을 열심히 이야기해준다. 이런 이야기를 듣다 보면 아이의 미래 모습이 떠오른다. 청년활동가, 시민사회활동가, 구의원 등 다양한 형태의 시민영역에서 빛나고 있을 내 아들이.

미래 사회 새로운 일자리 영역

2018년 인천에서는 세계 각국의 지도자, 전문가들이 모인 6차 OECD World Forum이 열렸습니다. 이 자리에서 미래의 웰빙 문제 해결을 위해 미래 삶에 영향을 줄 세 가지 주된 트렌드로 '디지털화와 웰빙', '복잡한 세상에서의 거버넌스', '웰빙과 기업의 역할'을 선정하였습니다. 이 중 '복잡한 세상에서의 거버넌스'에서는 정부와 민간 분야, 시민사회와의 협력 방안이 구체적으로 논의되었습니다.

최근 동사무소에는 '주민참여예산제도' 현수막이 걸려 있는 모습을 자주 봅니다. 때로는 시정에 시민단체 회원으로 이뤄진 위원회를 적극 참여시키기도 합니다. 마을공동체 사업의 일환으로 지역사회, 시민사회와 연계하여 돌봄서비스와 같은 공공서비스를 제공하기도 합니다. 이런 일련의 정책은 앞으로의 세상에서는 정부와 민간, 시민사회의 협력, 연계가 중요함을 보여주는 변화가 일부 반영된 것입니다.

이런 면에서 우리 아이들의 미래를 시민사회, 비정부기구와 같은 시민단체에서 찾게 됩니다. OECD World Forum에서도 확인하였듯 미래사회에는 양극화와 불평등 문제가 더욱 심각해질 것입니다. 점점 더 복잡해지는 세상에서 정부기구의 역할만으로는 문제 해결에 한계가 드러나리라 예상됩니다. 자연스럽게 시민사회, 시민단체, 비정부기구와의 협력이 필요하고, 이런 기관들의 역할이 확대될 수밖에 없고, 이 영역에서 활동할 사람들이 그만큼 필요하리라 생각합니다. 시민 영역이 우리 아이들이 자신의 미래를 마음껏 펼칠 큰 무대가 되리라 확신합니다.

자신만의 길로,
"엄마가 말한 거 딱 나왔어요"

• • • • • • 학교에서 돌아온 중학교 2학년 첫째가 종이 한 장을 내밀며 말했다. "엄마! 엄마가 말한 대로 딱 나왔어요. 근데 엄마가 평소에 저한테 이쪽이 잘 맞을 것 같다고 말해서 검사 결과도 이렇게 나온 거 아닐까요?" 필립이가 내민 종이는 학교에서 실시한 진로적성검사 결과지였다. 추천 진로에는 세무 관련 사무직이 있었다. 평소 아이에게 세무, 회계 분야에서 일하면 잘 할 것이라고 말하던 터였는데 검사 결과지에 그렇게 나오니 놀랍고 당혹스럽기까지 했나 보다.

중학교 2학년이 되며, 첫째의 풀린 눈에 힘이 조금 들어가더니 자신의 진로를 막연하나마 고민하기 시작했다. 그래서 필립이에게 말했다. "엄마 생각에는 너는 현실적이고 안정지향적인 성향이고 숫자 계산에는 정확하니까 회계, 세무 이쪽으로 공부하면 잘 할 것 같아."

그런데 뭔가 자신이 잘 해보거나 인정받아 본 경험이 부족한 큰 애는 "제가 뭘 잘 한다고요? 제가 잘하는 부분이 있다고요?" 하는 반응을 보였다. "네가 학교 성적 때문에 잘하는 게 아무것도 없다고 느낄 수는 있는데, 엄마가 봤을 때 너는 회계나 세무 쪽으로 공부하면 차분하게 참 잘할 것 같아. 계산도 정확하고 돈의 흐름에 관심도 많고 말야." 이런 이야기를 나눈 지 얼마 되지 않아 받은 검사 결과지였다. 이 일은 아이가 엄마의 조언에 더 귀 기울일 수 있는 기회가 되었다.

고등학교 진학을 앞둔 시점, 아이의 진로를 좀 더 구체적으로 생각하고 결정해야 했다. 내 바람이 아닌 아들의 희망 진로를 선택해야 했기에 아이의 재능이 무엇인지에 집중해야 했다. 우선 첫째의 성장 과정을 돌이켜보았다. 그 안에서 아이가 무엇에 관심을 보였는지, 무엇에 재능이 있었는지, 어떤 자리에 어울리는 성격인지를 생각했다.

6살 때였다. "엄마 그런데요, 저는 첫째인데요. 첫째는 숫자로 젤 작은데 왜 나이는 동생들보다 젤 많아요? 거꾸로네요?" 필립이의 말에 수의 기수, 서수 개념을 적용한 간단한 설명밖에 할 수 없었지만, 첫째가 숫자에 민감한 아이임을 알 수 있었다.

초등학교 1학년 때, 심부름 한 번에 용돈을 100원 주겠노라고, 흔히들 하는 용돈 시스템을 이야기했다. 그때 첫째는 자기 나름 동네 지도를 그리며 말했다. "엄마 여기 보세요. 제가 심부름을 가면요. 여기 슈퍼나 저기 가게 갈 수도 있겠죠? 근데 거리가 이렇게 다른 데 심부름 용돈을 무조건 100원으로 하면 안 되죠! 거리에 따라 금액을 다르게 해야 하지 않을까요?"

이 말을 듣는 순간 '세상에 우리 아이가 거리에 따른 용돈 액수 산정이라는 함수적 사고를 하네.'라는 호들갑스러운 생각이 1초 동안 잠시 들었다. 초등학교 고학년 때는 야구에 관심을 가지면서 야구 선수별 기록을 보여주는 수치들을 표로 만들어 열심히 외우곤 했다. 함수적 사고 수준과 데이터분석가로서의 자질까지는 아니지만 적어도 수 개념이 정확하다는 점은 알 수 있었다.

눈에 힘이 풀려 있던 그 시절에도 잘하는 게 하나는 있었다. 수 계산이었다. 만약 85×98을 계산한다면, 아이는 $85 \times 98 = 85 \times (100-2) = 85 \times 100 - 85 \times 2 = 8330$으로 계산했다. $a(b-c) = ab - ac$라는 곱셈 공식을 배우지 않았고, 곱셈 공식을 수 계산에 적용하는 법을 배우지는 않았다. 그럼에도 수 계산을 할 때 스스로 숫자를 분해해 계산하는 모습을 발견할 수 있었다. 그래서 알았다. '이 아이가 다른 건 몰라도 셈은 정확하구나.'

그래서인지 첫째는 매우 현실적이고 실질적인 손익을 중요하게 생각하는 아이였다. 초등학교 때는 자신에게 더 이상 흥미가 없어진 딱지 등을 동네 알뜰장터에서 직접 팔기도 했다. 팔기 전에는 철저하게 자신이 산 가격을 고려해 가격을 산정하고 예상 수입을 계산하고 알뜰장터 참가비까지 모두 정산해 순이익을 확인했다.

알뜰장터에서 알짜 코너를 운영한 덕분에 나중에는 동사무소에서 참가비 안 받을 테니 다음에도 참여해달라는 부탁까지 받았다. 필립이는 가정 경제에도 관심이 많다. 그래서 학원을 다닐 때도 자신 포함 동생들이 학원비 아깝지 않게 공부하고 있는지를 확인했다. 장남이라 더욱 그럴 수 있지만, 생활비는 어느 규모이고 대출은 없는지, 무리한 지출이 있는 건 아닌지 한 번씩 물어보았다.

그렇게 첫째는 세무, 회계 분야로 자신의 길을 정했다. 중3 진급을 앞둔 2월 특성화고 설명회에 함께 다녀왔다. 다녀온 후 자신은 특성화고에 진학해 대학보다는 취업 쪽으로 준비를 해야겠다는 나름 구체적인 목표를 세웠다. "그래. 먼저 취직한 다음에 네가 정말 더 하고 싶다는 생각이 들 그때 공부해도 괜찮아. 다만 언제든 공부하고 싶을 때 할 수 있게 읽기와 쓰기 같은 공부의 기본기는 다져놔야 해."라고 진심으로 아이의 선택을 지지했다.

3학년 여름방학, 아이는 고등학교에서 실시하는 회계 특별 프로그램에 참여했다. 자신의 교과 성적이 부족하니 이 특별 과정에 최선을 다해 입학을 준비하겠다는 계획이었다. 특별 과정이 시작되기 전부터 미리 교재를 나름 열심히 공부하고 관련 직종에 근무 중인 지인에게 조언을 구하는 등 적극적인 모습을 보였다. 더운 여름 자신에게 주어진 기회에 최선을 다했던 아이는 특별 과정 시험에서 좋은 성적을 받으며 과정을 마무리했다.

최근 들어 게임할 때를 제외하고 아이가 이토록 뭔가를 열심히 하는 모습은 처음이었다. 시험의 난이도와 상관없이 아이가 최선을 다한 결과였기에 진심으로 함께 기뻐할 수 있었다. 내가 바라는 진로를 아이에게 강요하고 싶은 마음은 없었다. 그럼에도 자식이기에 좀 더 그럴싸해 보이는 길, 내가 가본 경로로 아이를 인도하고 싶은 건 부모로서 인지상정이다.

하지만 거기를 갈 사람은 내가 아닌 자식이기에 아이를 먼저 봐야 했다. 한 발짝만 뒤로 물러서 내 아들을 바라보며 재능을 발견하고, 내 아이가 안정적으로 갈 수 있는 길을 찾아본다. 선택은 아이가 한다. 어떤 선택을 하더라도 진심으로 아이를 응원하고 지지한다. 자신이 가고 싶고 갈 수 있는 그 여정 위에 섰을 때 아이는 탄탄하게 성장할 것이다.

아들을 자신의 길로 나아가게 하는 힘

어느 날 맘 잡고 독하게 공부하더니 '공부덕후'가 되어 SKY에 진학했다는 전설의 오빠 이야기가 있습니다. 오늘날까지도 많은 아들 엄마들에게 '아들들은 독하게 맘 먹으면 뒷심을 발휘할 거야. 언제 달라질지 몰라'라는 희망의 메시지로 남아 있습니다. 그런데 도대체 그 날이 언제 올지… 요사이에는 점차 늦어지는 것만 같아 아예 그날이 오지 않을까

전전긍긍하게 됩니다.

90년대 학번까지만 해도 동네마다 전설의 오빠가 한 명씩은 있었습니다. 저희 과 선배 중 한 명도 그런 사람이었습니다. 그 선배는 고3이던 어느 날 빗소리를 듣고 있는데 자신이 너무 한심해 보여 더 이상 이렇게 살지 말아야겠다는 결심을 하게 됐다고 합니다. 그리고 공부덕후가 되어 대학에 진학했다는 감동적인 이야기였습니다. 그렇게 전설의 동네 오빠들은 더 이상 자신의 삶이 한심하게 흘러가는 것을 스스로 용인할 수 없어 자신의 삶을 바꿔보기로 마음을 다잡았습니다. 그리고 공부를 정복하기 위해 몰입합니다.

가끔 우리는 아들이 맘먹기 바라는 바람에서 누군가와 비교도 합니다. 지인 중 한 명은 아들에게 "너 지금 이렇게 공부하는 걸로 택도 없어. 강남, 목동, 중계동 이런 데는 얼마나 시험 문제도 어려운데, 그런데도 다 하고 있는데 말야."라고 말했다고 합니다. 돌아오는 아들의 대답은 "그래서 뭐요? 걔네들은 걔네들이고요. 저랑 무슨 상관인데요?"였다고 합니다.

아들의 맘먹기는 누군가와의 비교에서 시작되지 않습니다. '스스로 생각해도 내가 한심하다', '진짜 이렇게 계속 살면 안 되겠다', '이런 사람이 돼야지'라는 자기 자신의 삶에 대한 반성과 방향 설정에서 도전적인 자세와 실천이 나옵니다.

우리 아들들을 자신의 길로 나아가게 하는 힘은 엄마의 잔소리나 누군가와의 비교가 아닙니다. 아들에게는 자신에 대한 성찰, 자기 삶을 어떻게 책임질지에 대한 진지한 고민의 시간이 필요합니다. 그때 발현되는 내면의 동기가 우리 아들들을 자신만의 길로 나아가게 하는 힘이 될 것입니다. 그런 힘으로 자신이 간절히 원하던 목적지에 도달할 수 있을 것입니다.

팅탄으로 자라는 아들,
"우리 반 애들이 예쁜이라고 부르는 거예요"

● ● ● ● ● ● 셋째가 두 돌 정도 되었을 때 어린이집 선생님께서 하원길에 말씀하셨다. "어머님이 예쁜이 예쁜이 하니까 저도 모르게 예쁜이 예쁜이 하게 되더라고요. 그랬더니 반 애들이 필원이 이름이 진짜 예쁜이인 줄 알고 따라 하더라고요." 동네 엄마들이 말했다. "필원 엄마, 나도 이제 우리 애들 예쁜이라고 불러봐야겠어요. 솔직히 필원이가 진짜 예쁜지는 모르겠는데요. 자꾸 예쁜이라고 부르니까 예뻐 보이기도 하거든요."라며 웃는다.

20대 후반 엄마가 된 나는 첫째에게는 '까꿍'도 어색해서 제대로 하지 못했다. 두 번째로 만난 필홍이에게는 그래도 '까꿍'은 할 수 있게 됐다. 그렇게 두 아이 엄마로서의 삶이 조금 익숙해지던 때, 생각지도 못했던 셋째를 만나 삼형제 엄마가 되었다. 막내가 특별히 예쁘게 생기지는 않았다.

그러나 내 눈에는 커다란 콩깍지가 씌어서 정말 예쁘게만 보였다. "예쁜이 왔어요?" "우리 예쁜이" "예쁜아~" 이렇게 필원이의 또 다른 이름은 '예쁜이'가 되었다. 실제로 필원이가 예쁜지와 상관없이 예뻐 보이게 하는 긍정적인 착각을 불러일으켰고, 그렇게 막내는 점점 예뻐졌다.

더구나 막내는 성격이 좋은 것도 아니고, 뭘 잘하는 것도 아니다. 오히려 모든 면에서 늦었고 성격도 괴팍한 구석이 있는 게 사실이다. 그럼에도 이 부족한 아이를 온전히 '예쁜이'로 바라보고 받아들이게 됐다. 그래서일까? 언어, 사회성 등 발달에 약간의 어려움이 있었음에도 불구하고 셋째는 긍정적인 자아상을 가지고 있는 편이다. 발달 치료 차원에서 찾았던 센터에서 놀이치료 선생님은 치료가 끝난 후 이렇게 말씀하셨다.

"사실 필원이가 좀 삐딱하고 활동에 호의적이지 않은 자세로 비협조적일 거라고 생각했어요. 그런데 필원이가 '의외로' 긍정적으로 반응하고 잘 따라오는 것 같아요. 필원이가 사랑을 많이 받아서 기질적인 어려움을 잘 극복하고 교육 효과도 좋은 것 같아요." 어렸을 때부터 막내에게 심어진 '예쁜이'라는 긍정성은 자신을 스스로 사랑받고 있는 아이로 인식할 수 있게 도와주고 있었다. 그리고 이 인식은 아이가 자신의 기질을 극복하는 데 큰 힘이 되었다.

어느 날 중간 성적표를 들고 온 필원이는 모두 '잘함'을 받고 싶었지만, 하나가 '잘함'이 아니라 무척 실망하고 있었다. 나는 성적

표의 젤 아래 있는 과목의 '보통'을 재빨리 접어버리고 이렇게 말했다. "세상에, 필원이가 다 '잘함' 받아버렸다!" 늘 막내를 견제하는 둘째는 아니라고, 아래 '보통'이 하나 있다고 밉상스레 끼어들었다. 나는 "아, 안 들려 안 들려. 세상에 필원이 너무 잘했네. 이거 액자에 넣어서 걸어놔야겠다. 형들 빨리 박수 쳐야지! 오늘 치킨, 치킨!"이라며 오버했다.

필원이는 멋쩍은 웃음을 지으며 "형아들 내 덕분에 치킨 먹는 줄 알아!"라며 의기양양해 했다. 삼형제에게 서로의 잘한 점, 기쁜 소식을 진심으로 칭찬하고 격려해주는 시간을 가지게 하는 데 말만으로는 안 된다. 그래서 이때마다 치킨을 주문하곤 했다. 그러다보니 치킨 한 마리는 삼형제에게 누군가에게 생긴 좋은 일의 상징물로 인식되어 있다. 그렇게 치킨 한 마리를 식탁에 올려놓고 형들은 "음, 필원이~ 정~말 잘했다!"라며 장난스럽게 말한다. 물론 형들이 진심어린 격려를 한 건 아니지만 필원이가 뿌듯해하고 즐거운 기억을 가질 수 있다면 그것으로 충분하다.

이렇게 부족할지라도 마냥 예쁘게 바라볼 수 있게 되면서 첫째와 둘째를 바라보는 내 시선도 조금씩 바뀌었다. 지적하기 위해 바라보다 조금은 더 기다리며 포용적인 눈빛으로 바라볼 수 있게 됐다. 이런 눈빛의 변화는 사실 내가 살기 위함이기도 하다. 아들들은 어차피 어처구니없는 일상을 펼칠 것이 뻔하다. 그때마다 아이들을 밉게 보면 미운 구석만 보이고 내 마음만 생지옥이 된다. 그러나 '아, 예쁘다 예쁘다' 하고 바라보면 정말 예뻐 보이기 시작하고 내 마음도 천국이 된다.

자라는 중이기에 부족하고 실수투성일 수밖에 없는 아이들에게 '예쁜이 예쁜이'라고 불러본다. 이 소리가 아이들 마음속에 메아리처럼 늘 울려 퍼지길 바라는 마음으로. 가정의 울타리를 벗어나 엄격한 학교를 넘어 치열한 사회로 나아갈 우리 아들들, 이 아이들이 어떤 상황에서도 내면에서 들려오는 '예쁜이' 메아리 소리를 듣고 긍정의 마음으로 일어설 수 있도록.

칭찬의 역효과

2000년 초 《칭찬은 고래도 춤추게 한다》라는 책과 함께 우리 사회는 대대적으로 '칭찬' 프로젝트에 돌입했다고 해도 과언이 아닙니다. 물론 칭찬은 인간관계 형성, 교육적 측면 등에서 효과를 나타냈습니다. 그런데 어떤 칭찬은 예상치 못한 역효과를 나타내기도 했습니다. 그리고 이 역효과는 EBS에서 제작한 '칭찬의 역효과'라는 다큐 프로그램에서 흥미로운 실험 결과로 확인되었습니다.

초등학생들을 대상으로 기억력 테스트를 진행하면서 진행자는 '똑똑하다', '기억력이 좋다', '천재다' 등의 칭찬을 합니다. 그리고 선생님은 테스트 도중 책상 위에 답안지를 둔 채로 7분 동안 자리를 비웁니다. 놀랍게도 70%의 아이들이 책상 위 답안지를 몰래 봤습니다. 왜 그랬을까요? 칭찬이 자신감을 불어넣어주리라 생각했지만, 사실 아이들은 '똑똑한 아이'라는 그 기대에 부응하지 못할까 봐 불안에 떨며 괴로웠던 것입니다.

똑똑하다며 천재라는 칭찬을 받은 아이는 자신이 어떻게든 천재처럼 보여야 한다는 압박감을 받게 되고, 그러지 못했을 때 굴욕스럽게 생각하게 되기 때문입니다.

반대로 '짧은 시간인데도 노력 많이 했구나'라는 말처럼 '노력'을 칭찬했을 때 아이들은 유혹을 떨치고 스스로 기억해내려고 애쓰는 모습이었습니다. 또한 어려운 과제에도 도전할 수 있었고 평가 결과보다는 문제풀이 과정에 집중할 수 있었습니다.

'차분하게 하더니 어려운 것도 다 맞았네', '중간에 어려운 문제도 있었는데 침착하게 참 잘 푸네' vs '잘한다. 머리 좋네', '아까 그거 어려운 문제였는데 머리 좋은 편이구나' 실험 결과에서도 확인할 수 있지만 어떤 칭찬이 아이를 성장시킬까요?

많은 부모님은 '진짜 최고야', '항상 최고야', '잘 한다' 등과 같은 칭찬을 합니다. 그런데 이런 칭찬이 아이를 성장시키는 것이 아니라 오히려 아이를 부담스럽게 하고, 잘하지 못한 상황에 대한 불안감을 주었습니다.

칭찬이 항상 자신감을 높여줄 거란 오랜 믿음은 틀린 것입니다. 아이들의 성장에 정말 중요한 것은 문제 해결을 위한 노력과 과정, 실패 시 극복 방법에 대해서도 이야기 나눌 수 있는 부모와의 관계와 관심입니다.

어쩌다 삼형제,
그렇게 엄마가 되어가다

· · · · · · · 어쩌다 삼형제, 어쩌다 보니 '못난이' 삼형제 엄마가 돼 있었다. 첫째는 자기 할 일을 잘 하기는커녕 학교 시험 일정도 모를 정도로 엉망진창으로 학교를 다니고 있었다. 모든 에너지는 PC방과 게임에 쏟아 부었다. '띠꺼운' 표정과 말투에 몸서리칠 만큼 모멸감을 느껴야 했다. 둘째는 자기 물건을 잘 못 챙기고, 기본 학습도 너무 안 되며 쉽게 흥분하고 소리 지르고 동생 참견하며 싸우기만 했다. 셋째는 언어치료, 놀이치료를 계속해야 할 정도의 지원이 필요했고, 학교 적응 자체가 가장 큰 목표일만큼 마음을 많이 써야 하는 상태였다. 이불을 웅켜쥐고 침대 위에서 끙끙대며, 꺼이 꺼이 울었다. 그렇게 울어도 아무런 변화 없는 여전히 '못난' 아이들의 모습에 더욱 서럽게 울었다. 생지옥이었다.

교사로 익숙한 학교라는 공간에 학부모로 방문했을 때는 잘못한 것 많은 아이처럼 절로 고개가 숙여지고 위축됐다. '엄마가 선생님이라면서 애들은 왜 저 모양이야? 자기 자식도 잘 못 가르치는 게 무슨 선생이야?', '자기 애들이나 잘 키우지 무슨 공부한다고 저러는지…' 등등 언젠가 들었던 '못난 아이' 엄마를 향한 누군가의 비난이 귓가에 맴돌았다. 괴로움은 더욱 커졌다.

내가 뭘 잘못했다고, 내가 얼마나 열심히 살아왔는데… 왜 애들이 이 모양이야… 어린 시절, 힘들게 일하시는 엄마, 아빠를 위해 '내가 할 수 있는 일은 스스로 잘 하는 거야'라 생각했다. 공부하라는 말 한마디 안 들어도 늘 알아서 잘하기만 했던 나였다. 엄마에게 과자 한 봉지 사달란 요구 한번 안 하면서도 최선을 다해 내 삶을 꾸려왔는데…. 엄마로서 아이를 위해 나의 경력단절을 감수하고 오랜 시간 육아휴직하며 아이들을 돌봤는데….

인생의 어느 부분을 들여다봐도 난 늘 최선을 다하고 있었다. 그런 내게 '못난이 삼형제'는 사력을 다해도 통제할 수 없는 것이었다. 어느 순간부터는 '못난이 삼형제'를 바라보면서 화가 났다. 힘껏 살아온 내게 '못난이 삼형제' 엄마라는 딱지는 억울했다. 동시에 아이들은 나를 괴롭히려고 존재하는 것 같았다. 심지어 벌 받고 있다는 생각까지 들었다.

잠 못 이루는 밤이 많아졌다. 때때로 숨을 쉬기도 힘들었다. 이런 느낌이 극에 달한 어느 날 밤 꿈을 꾸었다. 거기서 나는 극단적인 선택을 하였고, 아이들과 분리되었다. 그러나 여전히 삼형제 주위를 맴돌고 있었다. 아이들에게 손을 내밀었지만 만져지지 않았다. 손이 닿지 않았다. 눈앞에서 손만 내밀면 닿을 듯한 거리에 있는 아이들을 안고 싶었지만 그럴 수도 없었다. 그 느낌은 너무나 강렬했다. 나는 벌떡 일어났다. 꿈이었지만 그 분리된 느낌, 그 안타까움은 말로 표현하기 어려운 큰 슬픔이었다. 그제야 알았다. 삼형제와 분리될 수 없음을. 내 삶이 삼형제와 떨어져 존재할 수 없음을. 꿈속이었지만 아이들과의 분리와 상실감을 경험한 나는 달라져야 했다.

뼈아픈 단절감을 경험한 후였기에 같은 모습으로 살아갈 수는 없었다. 아이들과 연결된 선이 있어야 했다. '못난이 삼형제'를 다시 바라본다. 아이들의 상태가 달라진 건 없다. 그러나 아이들이 달리 보이기 시작한다. 아이들의 그 '못난' 모양새 하나하나가 사실은 '엄마, 저 이렇게 약해요, 저 이렇게 혼자는 엉망진창인 아이에요. 저를 도와주세요.'라는 손짓으로 보인다. 적어도 이 세상 어느 누군가는 자신을 있는 그대로 봐주고 지지해주길 바라는 손짓이다. '그래. 내 자식들이 잘난 구석은 없다. 그럼에도 나와 연결되어 끊어질 수 없는 삼형제야.' 이 세상에서 나에게 주어진 연약한 아이들과 적어도 엄마라는 이름으로 연결선을 잘 지켜주리라 다짐한다.

나는 사람들이 보기에 '잘난' 여자였다. 적어도 우리 사회에서는 그렇게 보일만 했다. 학교에선 늘 당당했고 공부도 잘했다. 명문대를 졸업하고 대기업에 취업도 했다. 둘째를 임신해 임용고사에도

합격했다. 셋째를 임신해 석사 공부를 시작하여, 박사학위도 취득

있다. 그럴 듯해 보이는 이 많은 '잘난 모습'에도 불구하고 정작 자

신을 온전히 사랑해보지 못했다.

조금의 실수도 용납하지 못해 스스로를 다그쳤고, 가진 것과 할

수 있는 것보다는 가지지 못한 것과 하지 못한 것이 더 크게 보여

늘 콤플렉스에 시달렸다. 누군가로부터의 지적과 질타를 의식하느

라 마음엔 평안이 없었다. 나는 내적으로 성숙하지 못한 작은 아이

의 모습이었다. 어쩌면 사회적인 능력과 별개로 스스로 '못난이'라

는 생각에 파 묻혀 있던 나야말로 '못난이'였다.

그런데 '못난이' 삼형제를 마음으로 품고 그 연약한 아이들의 성

장을 진심으로 응원하게 되면서 나도 함께 품었다. 자신을 향해 '더

최선을 다해야지'라고 질타하며 다그치던 모습, 힘들어도 누구에

게도 편히 '나 힘들어'라고 말하거나 징징거리지도 않았던 내 모습

이 너무나 안쓰러워보였다. 이 세상 어디에도 스스로를 있는 그대

로 받아줄 곳이 없었기에 늘 초조하고 힘들었던 시간이 떠올랐다.

'그러지 않아도 돼. 그냥 지금 그대로도 괜찮아.'라고 내 자신과 진

정한 화해를 했다.

나 자신과의 화해 후 삼형제를 보니 아이들은 더욱 달라보였다.

조금도 거침없이 '나 힘들어'라고 자신의 감정을 드러내는 아이들

의 모습에 '내 아들들이 건강하구나'라고 생각했다. 특별한 게 없어

도 밝고 당당한 모습은 사랑스러운 모습으로 보였다. 아이들의 가

치는 능력이 아니라 존재에 있었다. 학교에서 만나는 학생들도 달라 보였다. 좌충우돌, 엉뚱한 소리만 해대는 많은 아이들의 모습에도 나름의 성장이 있었다. 모든 아이들이 자신만의 삶의 성장을 이뤄가느라 애쓰고 있음이 보였다. 아이들이 뭔가를 잘하든 못하든 그 모습 속에서 트집거리보다는 응원과 격려할 부분이 눈에 들어오기 시작했다.

어쩌다 삼형제 엄마가 되었다. 나를 갉아먹는 것만 같았고, 맹목적 희생만을 요구하는 듯한 아들들. 그렇게 엄마의 삶을 살다 보니 어느새 그 누구도 아닌 '임혜정'을 진정으로 발견하게 되었다. 누군가를 있는 그대로 온전히 품을 수 있었던 건 내 자식이기 때문이었다. 그리고 아들들과 함께 나도 품었다. 그렇게 내 자신과 세상을 바라보는 시선을 바꿔준 삼형제. 한 인간으로서의 삶을 성숙하게 살아가는 지혜를 준 '못난이들'은 내 인생의 값진 선물, 은인이다.

부모교육 프로그램

부모는 그들 생에서 부모가 처음입니다. 그래서 부모도 교육이 필요하고 다양한 통로로 부모교육 프로그램이 제공되고 있습니다. 여성가족부, 보건복지부, 교육부와 같은 정부부처와 EBS, 종교기관, 문화센터,

시민단체 등 다양한 기관에서 부모교육을 받을 수 있습니다.

여성가족부에서 제공하는 자료는 부모교육 자료[66]를 자녀 성장주기별 (예비, 영유아, 초, 중,고), 가족 특성별, 아버지 교육용, 자녀 기질별, 스마트폰 남용이나 형제자매 사이 갈등 등에 대해 다양하고 체계적으로 정리되어 있습니다. 교육부 주관 부모 교육은 유아교육진흥원과 전국학부모지원센터 등을 통해 제공되고 있습니다. 이 중 전국학부모지원센터에서 제공하는 학부모 온라인 교육센터 프로그램[67]은 주로 자녀의 학교급에 따른 정보를 체계적으로 제공하고 있습니다. 특히 학교교육과정, 자기주도학습, 진로진학, 자유학년제와 같은 학교생활 및 학습과 관련된 내용도 잘 정리되어 있습니다.

연구 결과 잘 구성된 부모교육을 통해 부모교육 지식 수준이 높아진다면 양육효능감은 높아지는 반면 양육 스트레스는 낮아질 수 있다는 점이 확인되었습니다.[68] "엄마도 엄마가 처음이야"라는 말처럼 우리는 처음 부모가 되었기에 그 역할이 무엇인지 잘 모릅니다. 아이를 향한 사랑의 마음이 있기에 배워서라도 좋은 부모가 되고자 하는 노력이 실제로 효과가 있다고 하니 참 다행입니다.

부모 된 우리의 변화는 자연스럽게 아이에게 흘러가 아이를 변화시키고 성장시킵니다. 결국 부모가 되는 일은 아이와 더불어 성장하는 과정으로 보입니다. 아이는 어른이 보살펴야 할 존재이기도 하지만 동반 성장

의 파트너인 셈입니다. 아이들을 있는 그대로 사랑해야 할 이유가 분명

합니다.

엄마가 아들에게

가끔 거울을 볼 때면 깜짝 놀라곤 해. 머릿속 나는 아직도 푸릇한 봄을 지나고 있는 듯한데 거울 속 내 모습은 벌써 삶의 흔적이 조금씩 느껴지는 가을이라서.

그리고 뒤돌아서 너희를 보면 더 놀랍지. 크기가 3cm도 안 되던 모습을 초음파로 처음 본 순간, 탯줄을 자르고 내 배 위에 올려진 너를 품던 순간, 젖을 물리던 순간, 아장아장 걷던 순간, 온 집을 난장판 만들면서도 마냥 신나하던 순간, 아이스크림 하나에 온 세상다 가진 듯 행복해 하던 순간, 이 모든 장면들이 엊그제 같은데 이제 나보다 더 큰 아이가 서 있으니 말이야.

너희를 안고 있으면, 아니 이제는 나를 안아줄 만큼 커버린 너희에게 안겨 있으면 지난 시간들이 빠르게 지나가. 작은 씨앗부터 지금 모습까지가 순식간에 일어난 일처럼. 작은 아이는 어디로 가버리고 다 큰 또 다른 아이가 내 앞에 와 있더구나.

작은 너희를 처음 품에 안았을 때, 엄마는 '최선을 다해 너희를 잘 키우겠다' 다짐했어. 하지만 고지식하고 재미없던 여자인 엄마는 최선을 다해도 뜻대로 되지 않는 게 있다는 걸 알게 됐어. 엄마로서의 내 성적표는 형편없었으니까. 나와는 너무 달랐던 너희가 준 깨달음은 엄마 삶에 정말 큰 의미였지. 엄마는 임혜정이라는 한 사회인으로서의 일은 뭐든 철저하게 계획을 세우고 최선을 다하면 결과를 예상할 수 있었어.

하지만 너희와 함께 한 시간을 통해 삶은 철저한 분석과 계획으로 예상할 수 있는 것이 아님을 알았어. 너희를 만나지 못했다면 난 몰랐을 거야. 사람은 100점이 아니어도 사랑받을 존재이며 엄마에게도 100% 내 편이 있음을. 그리고 삶은 재밌으며 아름답게 성장해 가는 과정임을.

고백할 게 있어. 엄마는 너희가 '착한' 아이도, '범생이'도 아니라서 절망감을 느낀 적이 있어. 몇 년 전 엄마 친구가 딸 자랑을 하는 거야. 그 말을 듣는데 너희들 모습이 떠오르면서 너희가 한심해졌지. 심지어 내 명성에 먹칠을 하는 아들들이라는 생각에 화까지 나는 거야.

그런데 이제는 자신 있게 아니라고 말할 수 있으니 실망하지 않아도 된단다. 최근에 온 동네 엄마들이 부러워할 정도의 엄마 친구 딸 이야기를 듣게 되었는데, 엄마가 조금도 불편한 마음이 들지 않앉어. 그 '엄친딸'은 자신의 삶을 사는 거고, 너희 삼형제 또한 스스로의 삶을 살아가는 거니까. 너희가 공부 대신 다른 건 잘할 수 있어서가 아니야. 너희를 사랑하는 이유는 너희가 어떠하거나 뭔가를 잘할 수 있기 때문이 아니야. 너희가 내 자식이기에 있는 그대로 사랑할 수 있는 거야.

사실 엄마는 스스로 뭔가를 잘해야지만 부모님께 사랑받을 수 있다고 생각했어. 그래서 늘 뭔가를 잘하려고 애썼고, 잘하지 못했을 때는 불안하고 초조해지고 힘들었어. 뭔가 일이 내 계획대로 되지 않으면 내 자신도 힘들었지만 다른 사람의 비난, 실망감까지 떠올라 괴로움은 배가 됐었어. 하지만 너희가 부족해도 사랑할 수 있었기에, 엄마 자신도 완벽하지 않아도 내 모습 그대로 사랑받을 만한 존재임을 배웠어.

그리고 너희를 품으면서 엄마를 온전히 사랑해주는 100% 내 편이 있었다는 사실도 알게 됐어. 엄마는 늘 완벽해야 한다는 강박감에, 힘든 상황에서도 할머니 품에 안겨 힘들다, 속상하다 제대로 말해보지 못했어. 하지만 내가 너희의 엄마가 됐기에 엄마의 마음을 이해할 수 있게 됐어. 미우나 고우나 내 자식이라고 품을 수 있는 그 마음.

그래서 이제는 엄마도 할머니에게 힘든 일을 말한단다. 그랬더니 할머니가 너무 기뻐하시는 거야. 할머니는 엄마가 언제든 힘들 때 안길 수 있는 품과 기댈 수 있는 어깨를 준비하고 계셨던 거야.

엄마도 너희를 위해 준비하고 있어. 실수해도 괜찮고, 쓰러져도 괜찮아. 전적으로 너희를 품어 줄 곳이 있으니까 말이야. 엄마가 100점 엄마는 아니지만, 엄마만 줄 수 있는 것. 그건 바로 100% 너희 편이 되어주는 거야. 못나나 잘나나 항상 너희 편.

삶은 예상대로 흘러가지 않아서 어쩌다 삼형제 엄마가 되었어. 아빠까지 남자 넷, 어처구니없는 모습에 화나고 힘들 때도 많았지만, 돌이켜보면 나와 너무 다른 남자의 삶에서 배운 점도 있어. 삶을 심플하게 대하는 자세. 복잡하게 생각하지 않고, 뒤끝 없으며, 큰 갈등 속에서도 유머로 상황을 전환할 수 있는 여유. 남편이라면 꼴 보기 싫었을 행동도 아들이었기에, 나와 다름에 화만 내기보다는 이해하려 노력할 수 있었어. 그렇게 너희 사내들을 알아가며 배울 수 있었어. 정말 고지식하고 재미없는 엄마가 그래도 요즘은 좀 재밌어지지 않았니?

누군가는 부모 자식 간은 원수 사이라고 해. 솔직히 너희가 나를 괴롭히기 위한 존재라고 생각할 만큼 힘든 순간도 있었지. 하지만 너희를 자식으로 만났기에 그런 힘든 감정도 이겨낼 수 있었어. 너희가 뛰어난 자랑거리가 넘치는 아이들이 아니었기에 오히려 진정한 사랑의 의미를 배우게 됐어. 너희가 나와는 너무 다른 남성이었기에 남자로서 삶의 방식을 배울 수도 있었어. 이 모든 과정은 미숙했던 임혜정이라는 한 인간이 성숙해 가는 시간이었어.

엄마도 우아함이 좋던 젊은 시절이 있었어. 비싼 도자기같이. 하지만 너희의 모양이 너무도 독특하고 거칠어서 우아한 도자기에 담기에 참으로 불편했지. 이상하고 이해 못할 모양의 너희들을 품기 위해서 엄마는 깨지기 쉬운 도자기의 모습을 버렸단다. 대신 어떤 충격에도 깨지지 않을 고무 대야가 되기로 했지. 멋도 없고 투박하지만 제각각인 모양을 다 담아낼 수 있는 넉넉함과 어지간한 충격에도 끄떡없는 내구성. 삶의 재질을 바꾸고 크기를 늘리는 과정은 엄마 자신을 깎아내는 듯했기에 아팠지만 그만큼 성숙해지는 시간이었어.

너희들을 키우며 울고 웃었던 시간들을 되돌아봤어. 누구보다 특별하지도 않은 이야기였지만 돌이켜보니 제법 의미 있는 시간이었어. 출산하던 아픔도, 키우던 고단함도 예리하게 나를 아프게 하던 순간들도 이제는 그저 덤덤하게 보여. 밖에서 하던 일은 잘했지만 엄마로서 미숙했던 내가 보다 어른이 된 것도 다 너희를 키우면서 가능했어. 내 아들로 와줘서 고마워.

팔월의 마지막 날 서늘한 귀뚜라미 소리와 함께 인생의 가을도 시작되는 엄마. 너희와의 만남부터 지금까지 뜨겁고 치열했던 시간이 지나가고 있어. 이제 또 시간이 흘러 엄마는 너희와 함께 깊고 풍성한 가을을 경험하겠지? 물론 그 시간 속에서도 우리는 여전히 실수투성이고 완벽하지 못할 거야. 그러나 자신의 모습을 온전히 사랑하는 데까지 성숙해 가고 있을 거야. 삶은 불완전한 우리가 아름답게 성장해 가는 과정이니까. 100점 엄마, 100점 아들이 아니라 100% 서로의 편이 되어가는 긴 여정이 아닐까.

그렇게 엄마의 삶은 너희 덕분에 무르익어가고, 가을이 다 찼을 때 엄마는 겨울을 맞이할 거야. 흰머리와 쭈글쭈글해진 모습이 전혀 낯설지 않을 그 시간에도 나 자신을 더 사랑하도록. 너희도 자신의 것들을 온전히 받아들이도록 말이야. 자신을 온전히 사랑하는 데까지 성숙하는 우리의 모습이 되길 상상하며 이만 글을 줄인다. 아들아, 사랑한다.

100% 너희 편이고 싶은 엄마가

미주

아들과 형제 사이

1) 매일경제(2017.12.19.). "아들은 세상에 없는데… 학폭 가해학생들 6년간 사과 한마디 없어" https://www.mk.co.kr/news/society/view/2017/12/839372
2) Ladd, G. W., Kochenderfer, B. J.&Coleman, C. C.(1997). Clssroom peer acceptance , friendship , and victimization : Distinct, relationship systems that contribute uniquely to children's school adjustment? Child Development, 68(6),1181-1197.
3) 김민정&도현심.(2001).부모의 양육행동,부부갈등 및 아동의 형제자매 관계와 아동의 공격성 간의 관계.《아동학회지》, 22(2), 149-166.
4) 배화옥.(2011). 형제폭력을 매개로 한 폭력의 세대간 전이 검증.《아동과 권리》, 15(2), 251-269.
5) Kiselica,M.S.,&Morrill-Richards,M.(2007).Siblingmaltreatment:The forgotten abuse. Journal of Counseling&Development, 85(2), 148-160.

아들, 그들만의 세상

6) 창랑&위안샤오메이.(2014).《엄마는 아들을 너무 모른다》, 예담.
7) 이재선&조아미.(2006). 청소년의 유머감각과 유머스타일이 스트레스 대처방식 및 건강에 미치는 영향.《청소년학연구》, 13(6), 79-100.
8) Abel, M. H.(2002). Humor, stress, and coping strategies. Humor–International Journal of Humor Research, 15(4), 365-381.
9) Godfrey, J. R.(2004). Toward optimal health: The experts discuss therapeutic humor. Journal of women's health, 13(5), 474-479.
10) 신상훈.(2010).《유머가 이긴다》, 쌤앤파커스.
11) 나는 왜 내 아들과 대화가 안 되지? https://www.youtube.com/watch?v=BihiUwMYbbs
12) 박혜숙, 주현옥&이화자.(2000). 비만청소년의 성별에 따른 식생활 태도, 식습관 및 우울감에 관한 연구.《Child Health Nursing Research》, 6(1), 18-31.
13) 우태정, 이혜진, 이경애, 이승민&이경혜.(2016). 청소년 성별에 따른 식생활 인식과 권장 식행동 실천 비교.《대한지역사회영양학회지》, 21(2), 165-177.
14) Croll, J. K., Neumark-Sztainer, D.&Story, M.(2001). Healthy eating: what does

it mean to adolescents?. Journal of nutrition education, 33(4), 193-198.

15) 곽수향, 우태정, 이경애&이경혜.(2015). 경남지역 청소년의 채소 선호에 따른 식생활습관 및 영향요인 비교.《대한지역사회영양학회지》, 20(4), 259-272.

16) 국립국어원(2017). 청소년 언어문화 실태 심층 조사 및 향상 방안 연구.

17) 국립국어원(2011). 청소년 언어실태 언어의식 전국 조사.

18) EBS(2013. 12.11). 지식채널e. 욕의 반격.

19) 질병관리본부 '제4차(2018년) 청소년건강형태조사.'

20) 아시아경제(2017. 09.15.). 초등 6학년 성교육 실태조사… 4명 중 1명은 "'아동' 봤다" http://www.asiae.co.kr/news/view.htm?idxno=2017091509504389059

21) 구성애(2014.6.25.) teens_5-음란물을 끊고 싶습니다. https://www.youtube.com/watch?v=FJSsya0_TNc

22) 국가통계포털(2019). 아동청소년인권실태조사:평일 여가 시간. http://kosis.kr/statHtml/statHtml.do?orgId=402&tblId=DT_ES2017_045&vw_cd=MT_ZTITLE&list_id=402_siew6548_2017_60_30&seqNo=&lang_mode=ko&language=kor&obj_var_id=&itm_id=&conn_path=MT_ZTITLE

23) 벤처기부펀드 '씨프로그램'. http://c-program.org/playground.

24) EBS(2018.12.31.) EBS 신년특별기획 놀이의 힘

25) Lever, J.(1976). 심우엽.(2005). 놀이와 아동 발달 및 교육.《초등교육연구》, 18(1), 39-60. 재인용

26) 황옥경, 한유미&김정화.(2018). 초, 중, 고등학교 학생의 놀이 · 여가 실태에 대한 연구: 연령별, 지역별, 성별 차이를 중심으로.《한국산학기술학회 논문지》, 19(5), 296-302.

27) 여성가족부(2019). 정책뉴스-2019년 인터넷 · 스마트폰 이용습관 진단조사 결과 발표. http://www.mogef.go.kr/nw/enw/nw_enw_s001d.do?mid=mda700&bbtSn=707144

28) 통계청(2019). 2019청소년통계. https://www.kostat.go.kr/portal/korea/kor_nw/1/1/index.board?bmode=read&aSeq=374490

29) 스마트폰중독 완치 부모 훈련 https://www.youtube.com/watch?v=PI0lbv0Mkbs

30) Baron-Cohen, S.(2002). The extreme male brain theory of autism. Trends in cognitive sciences, 6(6), 248-254.

31) 박찬옥&김혜리.(2010). 초등 6학년 아동의 성별과 또래 지위에 따른 공감하기 및 체계화하기 차이.《한국심리학회지: 발달》, 23(4), 127-148.

32) 박지언&이은희.(2008). 청소년의 불안정 애착과 문제행동: 공감능력의 조절역할.

《한국심리학회지: 상담 및 심리치료》, 20(2), 369-389.

33) 이명순&김종운.(2014). 아동의 부모-자녀 간 의사소통과 학교적응의 관계에서 공감 능력과 자아탄력성의 매개효과.《청소년상담연구》, 22(1), 335-356.

34) 김미라&신유림. (2017). 유아의 성별에 따른 놀이행동 군집별 유아교육기관 적응 및 문제행동의 차이 분석.《육아정책연구》, 11(1), 265-285.

35) 정선미&김진호.(2009). 초등학교 고학년의 감정 표현 불능증과 신체화 증상과의 관계.《한국학교보건학회지》, 22(2), 125-135.

36) 오지현.(2014). 아동의 부정적 정서표현에 대한 어머니 반응과 아동의 정서지능 간 관계: 성별에 따른 탄력성의 매개효과.《아동학회지》, 35(4), 61-78.

아들의 사춘기

37) 마이클 거리언(2012).《남자아이의 뇌 여자아이의 뇌》. 21세기북스.

38) 조한별(2014). 성별과 공감 경향에 따른 편도체의 구조적 특성 규명. 서울대학교 대학원 박사학위논문.

39) 루안 브리젠딘.(2010).《남자의 뇌, 남자의 발견》. 리더스북.

40) 조벽&최성애.(2012).《최성애 조벽 교수의 청소년 감정코칭》. 해냄.

41) 네이버 지식백과. 지랄 총량의 법칙(트렌드 지식사전, 2013. 8. 5., 김환표).

42) 김현수.(2015).《중2병의 비밀: 초등 4~중 3 학부모와 교사를 위한 '요즘 사춘기' 설명서》. 덴스토리.

43) 이선이, 이여봉&김현주.(2008). 부모와 청소년 자녀의 성별에 따른 지지적・ 통제적 양육행동: 5개국 비교 연구.《한국인구학》, 31(2), 45-76.

44) 정주영.(2014). 부모-자녀의 부정적 상호작용이 우울, 분노를 매개로 청소년의 공격성에 미치는 영향: 성별 차이를 중심으로.《한국청소년연구》, 25(2), 237-263.

45) 김현수, 조선미, 노경선&이호영.(1999). 남자 중학생들이 보고하는 부자관계에 영향을 주는 요소에 관한 연구.《소아청소년정신의학》, 10(1), 113-120.

46) 오승환.(2010). 청소년 가출에 대한 생태체계적 영향 요인-가출충동과 가출경험을 중심으로.《청소년복지연구》, 12(4), 301-324.

47) 뉴스1(2017.1.22.) 집 나가는 청소년들, 가출 원인 1위는 '가족 간 갈등.' http://news1.kr/articles/?2892300

48) 이점숙.(2003). 아동의 연령, 성별 및 또래 지위에 따른 또래집단 진입과정과 자기역량 지각과의 관계. 서울대학교 대학원 박사학위논문.

49) Adler, P. A.&Adler, P.(1998). Peer power: Preadolescent culture and identity. Rutgers University Press.

50) 도금혜&최보가.(2007). 청소년의 또래집단이 지각한 인기도에 영향을 미치는 생태학적 변인.《한국청소년연구》, 18(1), 107-134.

51) Chase, M. A.&Dummer, G. M.(1992). The role of sports as a social status determinant for children. Research quarterly for exercise and sport, 63(4), 418-424.

아들의 공부

52) 중앙일보(2019.5.10.). 서울대가 직접 밝힌 '학종'의 진실 "봉사 · 동아리 핵심 아냐" https://news.joins.com/article/23463368

53) 양명희&권재기.(2013). 청소년들의 학업정서 지각 유형과 자기조절학습과의 관련성. 《한국청소년연구》, 24(4), 203-229.

54) 조한익.(2013). 정서가 학업성취도에 미치는 영향: 정서조절과 학습전략의 매개효과 검증.《아동교육》, 22(1), 313-324.

55) 김민성.(2009). 학습상황에서 정서의 존재: 학습정서의 원천과 역할.《아시아교육연구》, 10(1), 73-98.

56) Meyer, D. K.&Turner, J. C.(2002). Discovering emotion in classroom motivation research. Educational psychologist, 37(2), 107-114.

57) 김유미(2003). 교수-학습에서 정서의 중요성과 활용: 뇌과학적 접근을 중심으로.《한국교육》, 30(1), 155-176.

58) Dolan, R. J. (2002). Emotion, cognition, and behavior. science, 298(5596), 1191-1194.

성장하는 아들

59) 정환영.(2010). 일본의 산촌 유학을 통한 도농교류의 실태 및 국내 적용 가능성 모색. 《한국지역지리학회지》. 16(6), 635-652.

60) Furstenberg Jr, F. F.&Hughes, M. E.(1995). Social capital and successful development among at-risk youth. Journal of Marriage and the Family, 57(3), 580-592.

61) 한국지역진흥재단 홈페이지 마을공동체 현황 소개

62) 통계청(2018.04.26.) 2018 청소년 통계. https://www.kostat.go.kr/portal/korea/
kor_nw/1/1/index.board?bmode=read&aSeq=367381

63) KOSIS(2019.02.18.) 아동청소년 참여기구 인지 여부. http://kosis.kr/statHtml/
statHtml.do?orgId=402&tblId=DT_ES2017_012

64) 한경 경제용어사전. 금융지능지수.

65) EBS(2012.09.25.) 다큐프라임. '자본주의 3부. 금융지능은 있는가?'

66) 여성가족부 교육정보 http://www.mogef.go.kr/oe/olb/oe_olb_s001.do?mid=
mda710&div1=101

67) 국가평생교육진흥원 전국학부모지원센터 학부모On누리 http://www.parents.go.kr/

68) 최미경, 신정희, 구현경, 박선영, 한현아&최단비.(2008). 청소년 자녀를 둔 어머니의
양육 효능감 및 양육스트레스와 부모교육 지식수준 및 요구도.《아동학회지》. 29(5),
227-242.

아들과 싸우지 않고 잘 사는 법

아들 익힘책

초판 1쇄 인쇄 2020년 2월 27일
초판 1쇄 발행 2020년 3월 5일

지은이 임혜정
펴낸이 장선희

펴낸곳 서사원
출판등록 제2018-000296호
주소 서울시 마포구 월드컵북로400 문화콘텐츠센터 5층 22호
전화 02-898-8778
팩스 02-6008-1673
전자우편 seosawon@naver.com
블로그 blog.naver.com/seosawon
페이스북 @seosawon **인스타그램** @seosawon

홍보총괄 이영철 **마케팅** 이정태 **디자인** 별을잡는그물

ⓒ임혜정, 2020

ISBN 979-11-90179-20-1 13590